JIANZHU SHINEI

SHOUHUI BIAOXIAN JIFA YU SHILI

建筑室内 手绘表现 技法与实例

第二版

逯海勇　胡海燕　编著

化学工业出版社

·北京·

本书以手绘表现为切入点，以马克笔、彩色铅笔等快速表现工具为重点，从全面技术分析的角度来讲解手绘的技法表现，力图将技法的讲解与不同阶段的设计思维方式结合起来，通过实例让读者清晰地掌握学习方法，顺利地解决读者学习过程中遇到的各种问题。

本次第二版修订时对第一版章节内容做了进一步优化和整合，对书中插图进行了修改，使之更准确、形象、美观。另外，还增加了手绘表现的方法步骤以及实例赏析等全新内容，从而能更加强化读者对表现技法的认识，达到真正提高手绘表现动手实践能力的目的。

本书简言意赅，图文并茂。本书既可作为环境艺术专业、建筑专业、室内设计专业师生的教学参考书或教材，也可作为广大建筑设计和建筑装饰设计人员的自学指导用书。

图书在版编目（CIP）数据

建筑室内手绘表现技法与实例／逯海勇，胡海燕编著．—2版．—北京：化学工业出版社，2014.10
ISBN 978-7-122-21833-9

Ⅰ．建…　Ⅱ．①逯…②胡…　Ⅲ．室内装饰设计-建筑构图-绘画技法　Ⅳ．①TU204

中国版本图书馆CIP数据核字（2014）第214587号

责任编辑：朱　彤　　装帧设计：刘丽华
责任校对：吴　静

出版发行：化学工业出版社（北京市东城区青年湖南街13号　邮政编码100011）
印　　装：北京方嘉彩色印刷有限公司
787mm×1092mm　1/16　印张$10^1/_2$　字数257千字　2015年1月北京第2版第1次印刷

购书咨询：010-64518888（传真：010-64519686）　售后服务：010-64518899
网　　址：http://www.cip.com.cn
凡购买本书，如有缺损质量问题，本社销售中心负责调换。

定　　价：55.00元

第二版前言 Foreword

本书第一版自出版以来得到了广大读者的认可和好评，在专业手绘实践与教学中发挥了重要作用。应化学工业出版社要求，根据实际需要，再次对本书内容进行第二版修订，将部分内容进行了充实和改进，使本书内容更趋完善，实用性得到进一步加强。

本次第二版修订时对第一版章节内容做了进一步优化和整合：在手绘草图和基础练习中着重加强了徒手表现的内容，因为这部分是读者学习设计和图解思考的重要步骤，也是平时方案设计和学生今后考研必须掌握的基本要领；在透视制图技法部分调整了一点斜透视的制图方法，使作图方法更简便而又不失严密性；对书中插图进行了修改，使之更准确、形象、美观。另外，根据教学实践经验和平时积累的最新成果，增加了手绘表现的方法步骤以及实例赏析等部分内容，以确保能按照第二版新提供的循序渐进的方法进行手绘技能训练，从而能更加强化读者对表现技法的认识，达到真正提高手绘表现动手实践能力的目的。

本书编写情况说明如下：第2章2.1节、2.2节，第5章5.1节、5.2节由胡海燕老师编写；第5章5.3节、5.4节由苗蕾老师编写；第6章中6.1节由周波老师编写。其余内容由逯海勇负责编写。全书由逯海勇负责统稿。

本书在编写过程中得到化学工业出版社的大力支持，在此深表感谢！

由于时间和水平有限，改版后疏漏之处在所难免，希望广大专家、读者提出宝贵意见。

编著者

2014年9月

第一版前言 Foreword

手绘是设计思维的表达方式，是室内设计师必备的基本功和艺术修养，也是设计师与业主沟通的桥梁，其表现和探究的过程，正是设计师成长历程中不可缺少的重要环节。提高手绘表现能力，将会有助于方案的快速设计分析，为全方位提升设计水平打下良好的基础。

目前，有关手绘表现的教材很多，各具特点，书中各持己见，但殊途同归，都是对技法规律的探讨和研究。本书结合了本科艺术类院校培养方案和教学大纲的要求，依据作者多年的实践与教学经验，以设计实践与市场需要为基础，以实战演练为基本出发点，将大量实用图例贯穿到理论阐述中，力求使学习者在短时间内掌握手绘表现图的相关技法。透视是效果图表现中的难点，本书在深入讲解透视基本理论的同时，注重从实际应用出发，对透视表现进行了合理而有效的简化，使学习者能够轻松、快速地构筑起效果图的基础框架。另外，本书从科学发展的角度重点对淡彩、彩铅、马克笔等表现技法进行了详尽细致的讲解，提高学生学习的时效性，有助于学习者能全面、熟练地掌握运用。

本书在整体章节的编排上，以循序渐进的思路过程出发。第1章为准备阶段，了解手绘表现技法的基本知识和各种工具及其特性；第2、3、4章是基础练习阶段，主要掌握设计构思与手绘草图、手绘表现图的基本要领以及室内设计空间透视；第5、6章是实战阶段，主要针对当今手绘表现的趋势，以淡彩、彩铅、马克笔这些常用快速表现工具为重点进行技法讲解；第7章是编著者精心挑选的几个室内手绘典型案例，通过步骤来演示手绘表达的全过程；第8章是建筑室内手绘表现图技法作品欣赏。本书理论讲解细致、内容全面、条理清晰，注重理论与实践的结合，每一章课后都有练习与思考题，可以帮助学生更好地掌握该课程的学习要点。

本书在编写过程中得到化学工业出版社编辑的大力支持，在此深表衷心的感谢。

由于编著者水平有限，书中难免有遗漏和不足之处，殷切希望专家、同仁及广大读者提出宝贵意见。

编著者

2011年1月

目录 Contents

第1章 如何理解建筑室内手绘表现图

1.1 建筑室内手绘表现的概念及目的

手绘是记录设计和思维过程的一种载体，它以一种最快速、最直接、最简单的反映方式，呈现出一种动态、有思维、有生命的设计语言，是设计师学习专业设计的一门重要的必修课程。室内手绘表现就是设计师通过手绘方式，结合专业的图解语言，以生动直观的形象来表达自己的设计思想和设计意图的创作形式。它是设计师必备的基本功与艺术修养，也是设计师与业主沟通的桥梁。

室内手绘表现的内容几乎囊括了室内空间的各个方面，如透视图、平面图、立面图、节点详图等。所以，室内手绘表现既可以是设计的过程表现——设计草图，也可以是设计结果的表现——最终效果图。在设计初始阶段，设计师在模糊的设计意念基础上边思考、边创作，将模糊而粗犷的设计理念用概念草图的形式表达出来。这种草图用笔简化，表达快速，一般画出相对尺度关系即可。在设计中间阶段，是在设计探索中比较、深化和完善草图方案。随着设计思维的不断深入，将初步的设计草图进行具体化、细节化的表达与反复推敲。设计最后阶段的重点在于表现设计的细部造型、比例尺度关系及构造关系，并用适当的配景和手法渲染以烘托出设计的环境氛围。一幅优秀的手绘表现图作品主要表现在两个方面：第一，从设计角度看，应满足实用功能，达到设计目的，体现高素质的设计水准；第二，从艺术的角度看，造型、色彩、线条、体块的表现应具有美感，显示出设计师的文化背景与艺术修养。

随着电脑时代的来临，在学习设计的技术手段上得到了广泛提升，然而传统的手绘表现也面临着巨大的生存挑战。面对这样的问题常有学生问及计算机效果图和手绘表现图哪个常用或者是哪个更有用？诚然，对于学生来讲，希望通过某种技能的训练在今后能掌握到谋生的手段。然而，要想成为优秀的设计师，这两种表现技法不是二选一就可以做到的。对室内设计人员来说，手绘表现的学习是一个贯穿职业生涯的过程。

计算机绘制表现图具有真实性、准确性和多方位的复制功能，易修改，现实模拟功能非常强大，是其他手法所无法比拟的，也是受到设计者喜爱的原因。但从目前的发展趋势来看，设计对计算机的过分依赖已逐渐显现出弊端，大量的设计作品出现了千人一面的情况。计算机的机械操作也存在呆板、冰冷、缺少生气，毕竟计算机只是程序化和命令化的集成品而已。完全依赖计算机，设计师的思维也会受到一定限制。手绘表现图将设计与思维结合在一起，不仅是设计思维的表达，更是设计师艺术风格的体现。手绘表现图除了能生动、形象地记录下设计师的创作激情，同时还可以将这种激情注入设计之中，特别是手绘表现图所传达的亲切、自然和情感是计算机效果图无法比拟的，这也正是手绘表现图的魅力所在（图1-1）。

1.2 建筑室内手绘表现图的特征

手绘表现图应遵循五个基本原则：表现性、概括性、程序化、艺术性和说明性。正确认识理解它们之间的相互关系，在不同情况下有所侧重地发挥各自效能，对学习和绘制表现图都是至关重要的。

1.2.1 表现性

表现性是一种情境化的手段，它是在基本尺度、材质、造型的框架下，运用各种画面的处理手法，通过调整视点、画面构图和色彩、明度等来强化设计意图。表现语言与选用的媒介关系十分密切，不同的表现工具所体现的作画技巧也不相同。在手绘表现图中，线条笔触的走向和力度、色彩搭配的和谐等所产生的效果，有时会超越所表现的形体本身带给人的感受，而形成画面本身形式的欣赏要素。这些不平凡的表现会使普通的形体看上去显得很有个性（图1-2）。

1.2.2 概括性

室内手绘表现可以将设计的本质特征归纳成具有符号特征、形象化特点的简练语言，它既能说明设计的本质，又能说明其形象特点，使人较容易辨别出设计所要表现的质地、造型和色彩等因素。

概括与归纳应以扎实的基本功为基础，经过认真观察、认识分析之后而得出，既能高度概括，又能恰如其分地表现对象的精华。在表达的过程中，对于对象的概括与归纳的程度是不一样的，这种“度”的把握是长期积累的结果（图1-3）。

图1-1 手绘表现图能及时捕捉设计师内心瞬间的灵感、表达原创性思维
（马克笔+彩铅 逯海勇）

图1-2　线条笔触的走向和力度、色彩搭配的和谐是表现图产生效果的关键
（马克笔+彩铅　逯海勇）

图1-3　概括与归纳是手绘表现语言的基本特征
（马克笔+彩铅　逯海勇）

1.2.3 程式化

在手绘表现图中，设计师对程式化的表达语言运用十分明显，具体表现为：笔触的运用、某种画面处理技巧、某个色彩关系在不同画面中被重复应用。这种处理方式在纯绘画的创作理念中，被认为是墨守成规、不思进取，甚至是没有创造力的表现。但在手绘设计表现中，这一观念就显得非常重要（图1-4）。

手绘表现图中的风格和处理技巧有很多约定俗成的程式化内容，这些程式化手段在应付紧急任务时尤为有效，利用过去积累的程式化技巧会使设计师在作画时感到更为可靠。原因是这些程式化手段是前人不断创新、不断尝试的结果，也是过去成功经验的积累。既然稍加改变就能取得很好的效果，那么设计师又何乐而不为呢？

当然，利用程式化技巧不等于死抱着固定程式不变，而是鼓励设计师不断发展新的表达语言。学习程式，切忌僵固不化，以致由程式而变为公式，那就失去利用程式的意义了。

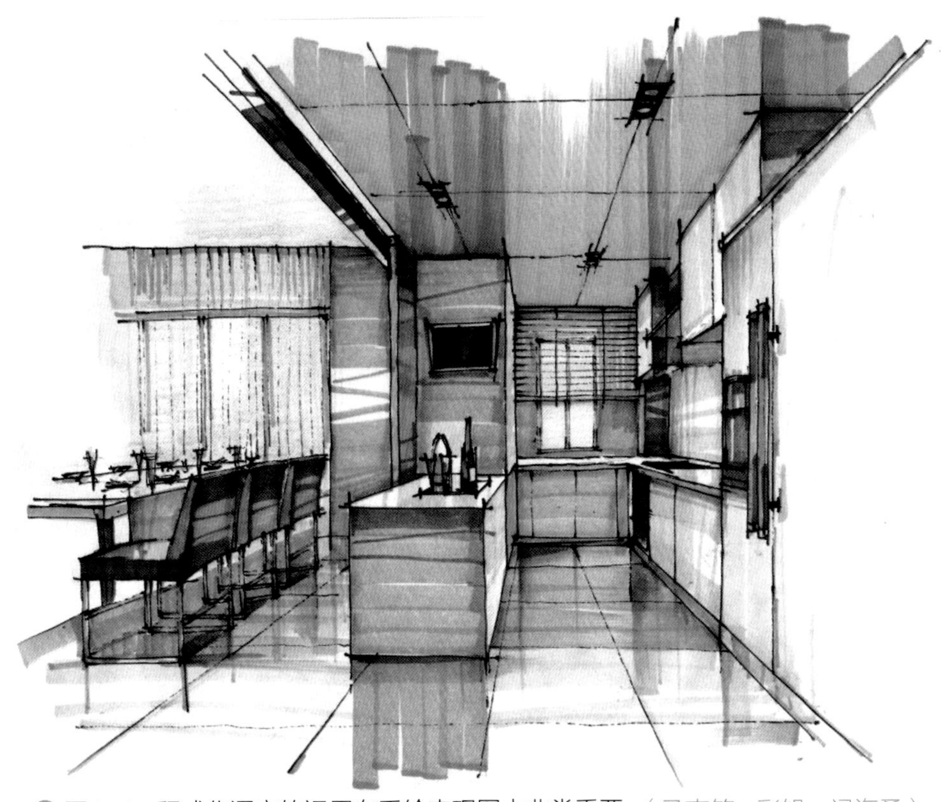

图1-4　程式化语言的运用在手绘表现图中非常重要（马克笔+彩铅　逯海勇）

1.2.4 艺术性

手绘表现图既是科学性较强的图纸，也是具有较高的艺术品味的绘画作品。手绘表现图中包含了大量的绘画语言，也包含了设计师的个性艺术观和风格特征。每个画者都以自己的灵性、感受去认知设计图纸，然后用自己的艺术语言去阐释、表现设计效果，这种表现是设计师在个人性格、审

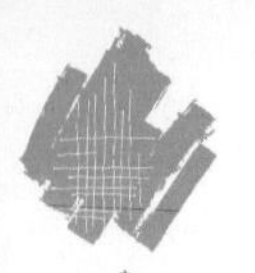

美观念、审美趣味等方面追求的一种流露和体现（图1-5、图1-6）。但是个性并不是表现图所要达到的主要目的，那些通过夸张歪曲的手法来追求个性而忽视真实的表现，是不可取的。

室内手绘表现图和纯绘画在艺术表现形式上虽然有所差异，但绘图中所体现的艺术规律是一样的，如素描和色彩关系、构图关系、透视关系、虚实关系等，室内手绘表现图中所体现的空间氛围、意境、色调处理同样要靠绘画手段来完成。因此，设计师艺术素养与审美水平的差异都直接影响表现图的艺术效果。

图1-5　运用个性化的艺术语言去阐释、表现设计效果，体现出设计师具有较高的艺术品味和审美水平（马克笔+彩铅　陈红卫）

图1-6　流畅的笔触、鲜明的色彩体现了设计师的个性艺术观和风格特征（马克笔+彩铅　陈红卫）

1.2.5　说明性

手绘表现图与其他图纸相比更具有说明性，而这种说明性就寓于其真实性的表达之中。手绘表现图具有图形说明性和文字说明性。图形学家告诉我们，最简单的图形比单纯的语言文字更富有直观的说明性。设计师设计的所有设计方案都可以起到说明的作用，如草图、透视图、表现图等。尤其是色彩表现图，更可以充分地表现出室内设计方案的造型、布局、材料质感等。而文字说明性是设计师除了画出空间的预想效果之外，还要用文字直接在图中具体标示出材质种类和施工工艺等，目的是让施工技术人员获知施工信息和细节处理（图1-7、图1-8）。

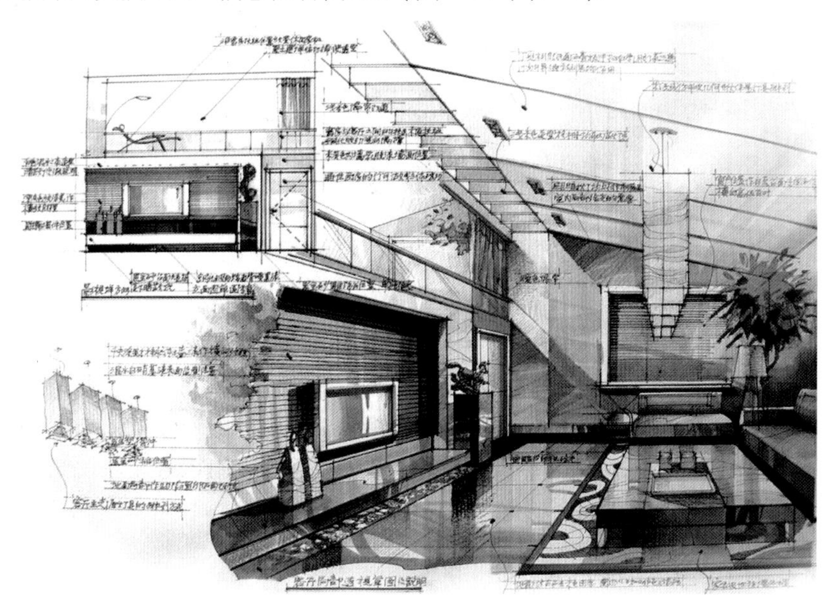

图1-7　图形和文字的结合很好地将手绘表现图的说明性体现出来（水彩+彩铅　李文华）

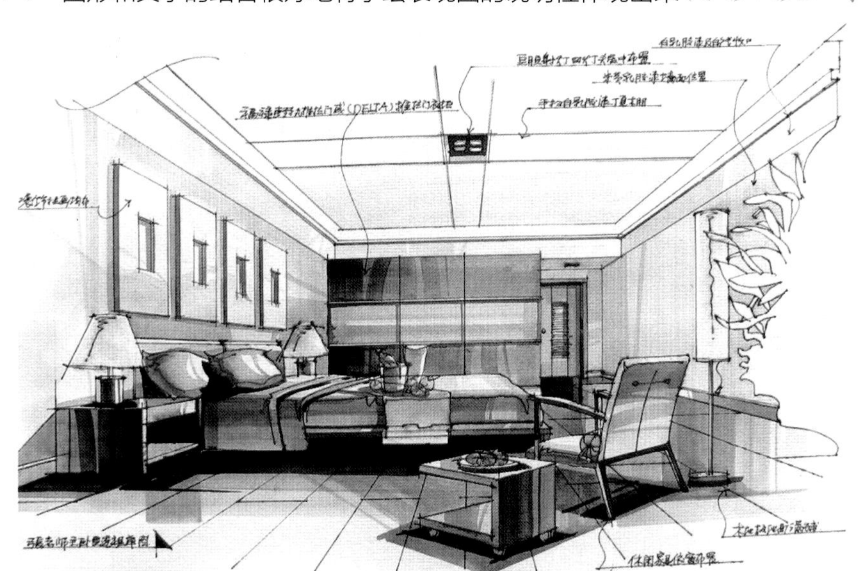

图1-8　用文字直接在图中具体标示出材质种类和施工工艺，很好地起到了说明作用（水彩+彩铅　李文华）

1.3 手绘表现图常用工具与材料

由于手绘表现具有较多的形式和手法，因此对画具及材料也有特殊要求。想要练就一手过硬的手绘功底，首先就要对作图工具与材料性能有一定了解和掌握。随着学习内容的不断深入，我们会接触到不同的绘画工具和辅助材料，并应逐步掌握它们。下面就常用工具和材料作简单介绍。

1.3.1 笔类

（1）铅笔　铅笔虽是绘图中最常见的工具，但在技法表现方面却也是独具特色的。由于铅笔芯的粗细和硬度种类繁多，不同硬度的铅笔画出的线条也是千姿百态、形象万千的。用铅笔作画既能表现精细的局部，也能表现粗狂的整体。常用的铅笔型号从HB到6B不等（图1-9）。

图1-9　铅笔型号

（2）绘图笔　绘图笔主要是指钢笔、针管笔、中性签字笔等碳素类的墨笔。绘图笔使用起来方便快捷、适宜勾线，是室内设计师必备的工具（图1-10）。目前市面上可供选择的颜色有红、蓝、黑等几种颜色，笔芯的粗细有0.3mm、0.5mm、0.7mm、1.0mm等。

图1-10　绘图笔

（3）美工笔　美工笔是特制的弯头钢笔。它的特点是使用过程中能粗能细，既可表现线条的流畅感，又能快速地表现出形体的明暗关系。在充分掌握其性能之后，使用者会有极大的表现快感。

（4）马克笔　马克笔有两种分类：一类可分为单头和双头；另一类根据颜料成分，可分为油性和水性。常见的国外品牌有日本（MARY）、美国（SANFORD）、日本（COPIC）、韩国

(TOUCH)等几种。这几种牌子价格较贵。国产马克笔价格便宜，适合初学者拿来练手。马克笔的主要特点是色彩丰富、干净清晰、使用方便、笔触快捷。其表现效果具有较强的时代感和艺术表现力，是目前设计师们最为推崇一种表现工具。油性马克笔是以甲苯和三甲苯为主要颜料溶剂，水性马克笔则以乙醇为主要颜料溶剂。油性马克笔的渗透性很强，色彩比较滋润饱和，手感滑爽。水性马克笔色彩相对灰暗，容易伤纸，因此建议初学者先使用油性马克笔，一般配备20支左右的灰色系列即可满足绘图的需要（图1-11）。

图1-11　马克笔

（5）彩色铅笔　彩色铅笔（简称彩铅）可分为普通型和水溶性两种。彩色铅笔可以单独使用，也可以作为马克笔的辅助工具使用，用笔方法与一般铅笔相同，其色彩丰富，对于细节与质感的刻画十分适用。一般建议选用水溶性彩色铅笔，它可以结合水和毛笔在水彩纸上作画，颜色鲜艳亮丽，色彩柔和，有水彩韵味（图1-12）。

图1-12　彩色铅笔

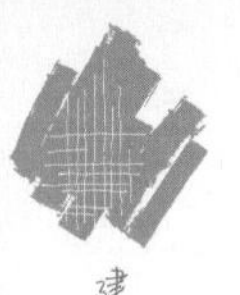

（6）炭笔　炭笔颗粒较粗，硬度较铅笔大，运用炭笔可加强画面的对比效果。炭笔作画可涂、可抹、可擦，也可做线条或块面处理，直至做出非常丰富的调子变化，适合初学者的练习（图1-13）。

（7）水彩笔　在线描淡彩、水彩表现以及透明水色表现中我们还要用到毛笔、排笔，常用的有“大白云”、“中白云”、“小白云”、“叶筋”、“小红毛”和板刷等（图1-14）。

（8）色粉笔与油画棒　色彩笔与油画棒简单、方便、易带，主要用于大面积涂色和画面整体色调的调整（图1-15）。

图1-13　炭笔

图1-14　水彩笔

图1-15　色粉笔与油画棒

1.3.2 图纸类

纸张的选择应按作图要求来确定，绘图者必须熟悉各种纸张的性能（图1-16）。常用的表现图用纸有以下几种。

（1）复印纸　是较为廉价却又极其好用的纸张，有一定的吸水性，推荐使用。常见的规格有A4、A3和B5型号。这种纸的质地适宜马克笔、彩色铅笔和绘图笔等多种画具表现，而且因价格便宜，适合在练习中大量使用。

（2）绘图纸　质地比较厚。在手绘表现中可以选择它来替代素描纸进行黑白画制作，也可以进行彩色铅笔、马克笔等形式的表现。

（3）硫酸纸　颜色呈现半透明白色，有厚薄之分，遇水易皱，是传统的图纸绘制专用纸张，有利于画稿与方案的修改和调整。此外，在手绘学习过程中硫酸纸也是理想的拓图练习纸张。

图1-16　各种各样的纸张

（4）水彩纸　具有一定的厚度和粗糙的质地，同时具有良好的吸水性，它不仅适合水彩创作的表现，而且对吸水性有一定要求的黑白渲染表现、透明水色表现同样适合。

（5）有色纸　品种齐全、色彩丰富，可根据画面所表达的内容选择合适的颜色基调。由于黑色和其他艳丽颜色的色纸会严重消解马克笔颜色或影响马克笔色彩表现，所以绘图时，挑选亚光浅灰色色纸是马克笔表现不错的选择。

（6）牛皮纸　坚韧耐水，呈棕黄色，用途很广。在手绘表现图中，其底色的特性等于将颜色进行灰度处理，使得画面效果整体稳重，朴实无华。

（7）马克笔专用纸　该纸是针对马克笔特性而设计的绘画用纸，多为进口，纸质厚实。它的特点是纸张的两面均较光滑，纸质细腻，都可以用来上色，纸面对马克笔的色彩还原性好。常见规格为A4、A3，或单张或装订成册（图1-17）。

图1-17　马克笔专用纸

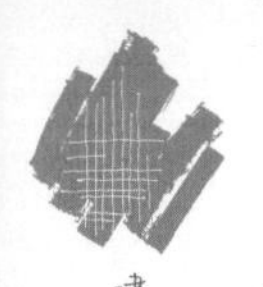

1.3.3 尺规类

在手绘表现图中，虽然大多采用徒手画线，但有时也需要一些尺规辅助，以便使画面中的透视与形体更加准确。特别是在实际方案表现中，尺规的辅助还可以在一定程度上提高工作效率。常用的工具有丁字尺、界尺、三角板、比例尺、曲线板(或蛇尺)、圆规等。

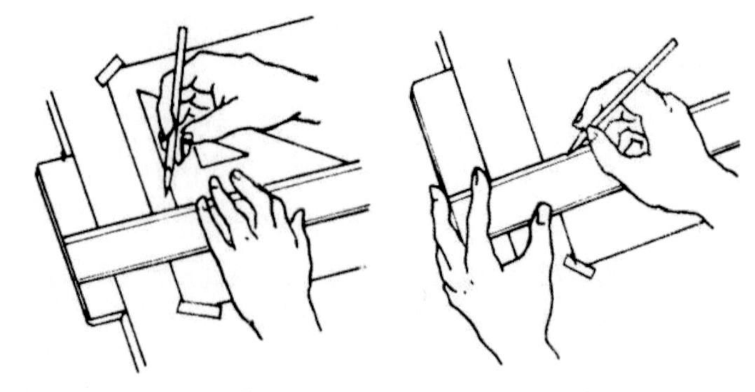

图1-18 丁字尺的使用方法

（1）丁字尺 丁字尺由一个直尺和一个垂直于直尺的尺头组成，尺头与直尺被牢牢固定住。使用丁字尺时，尺头应紧贴绘图板的左侧边。用一只手扶住尺头，将尺推到适当位置固定，另一只手则沿直尺画线（图1-18）。

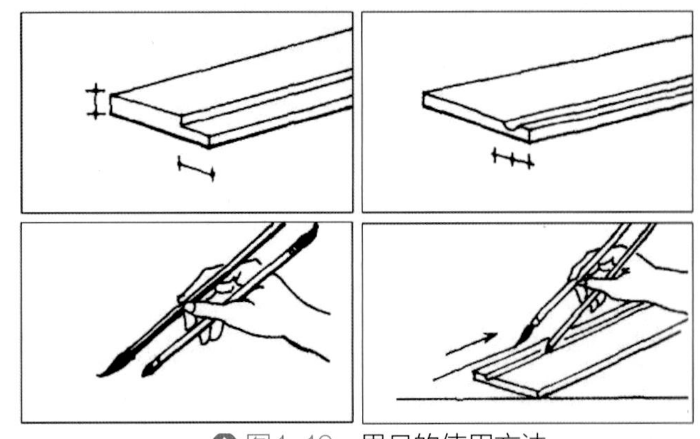

图1-19 界尺的使用方法

（2）界尺 界尺古为画线兼纸镇的工具，是绘制界画的主要工具之一。其形式分为台阶式和凹槽式两种。界尺的使用方法较为简单，一般左手按尺，右手握两支笔，沿界尺移动，即可画出平直挺拔的线条（图1-19）。

（3）三角板 三角板是有三条边且两条边相互垂直的绘图工具。三角板通常用于绘制直线和斜线，与丁字尺搭配使用绘制垂直线和不同角度的斜线（图1-20）。常用的三角板因其组成角度的大小而得名，有45° 三角板、30° 三角板、60° 三角板。

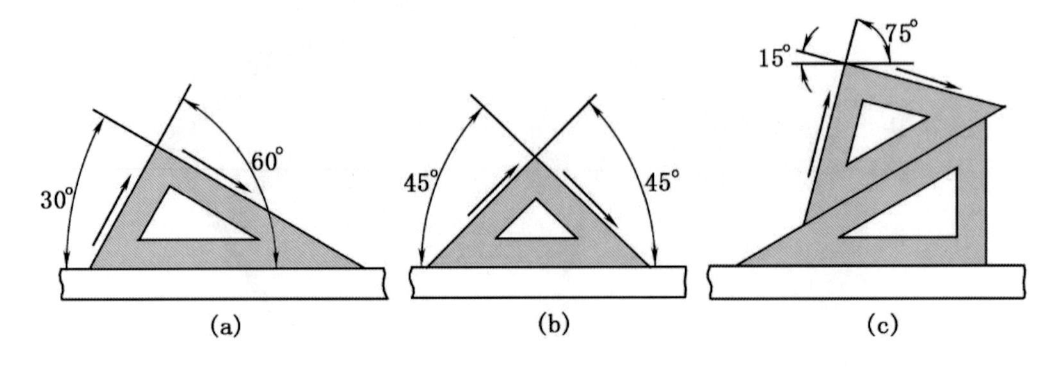

图1-20 三角板

（4）比例尺　比例尺是一种特殊的尺子，适用于各种长度单位的测量，比例尺的刻度与一般尺子相似，标注六种不同的比例，都以毫米为单位。由于它的截面呈等边三角形，也被称为“三棱尺”（图1-21）。

（5）曲线板　曲线板是用来绘制不规则曲线的一种模板。曲线板由很多常用的曲线轮廓组成，是一种很好用的描制曲线工具（图1-22）。设计者利用曲线板可以绘制各种需要的曲线。

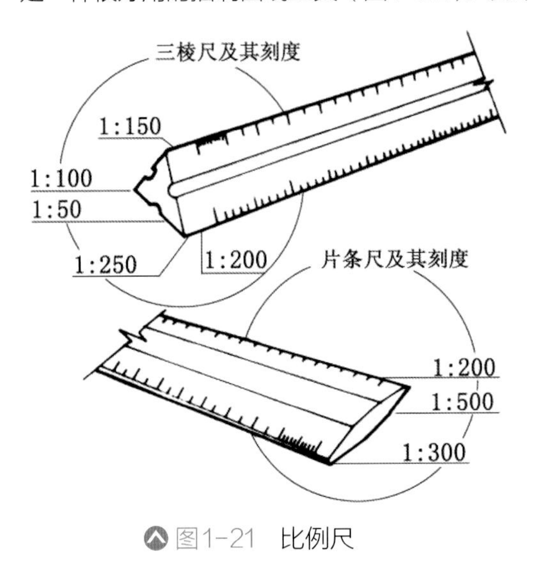

图1-21　比例尺

图1-22　曲线板

（6）圆规　圆规是用来绘制圆和圆弧的。使用圆规时，先在图样上标记圆心位置和半径长度，然后将圆规的针脚置于圆心，而将铅笔或墨线笔的笔尖放在标好的半径点上。而后握住圆规的顶帽，旋转圆规就可以画圆了（图1-23）。

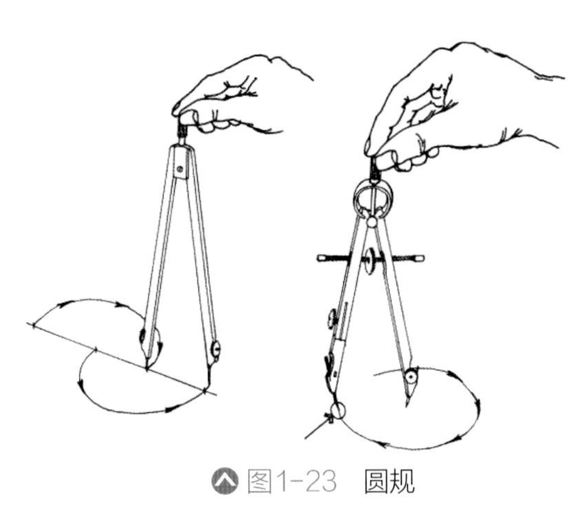

图1-23　圆规

1.3.4　其他相关工具

（1）数码相机　数码相机是收集素材的最佳工具（图1-24）。外出考察、写生时用处非常大，它可以在无法集中精力绘画时或遇天气突变而无法完成时将景物即时拍下，以备需要时将照片整理出来，再对照照片静心作画。

（2）调色盘　最佳的选择是瓷质的纯白色无纹样调色盘，可按大小不同分别准备几个。

（3）涮笔器　可以用小盆或小塑料桶等作为盛水的涮笔工具。

（4）画板　一般常用的是4开(A2)普通木质画板。

（5）修正液　这种专用的修白液体使用起来非常方便，在绘图时适当添加白色与其他颜色对比可增强空间感，使画面显得明快、朴素而不呆板（图1-25）。

（6）吹风机　为节省时间，在线描淡彩着色时经常会用到它。

图1-24　数码相机

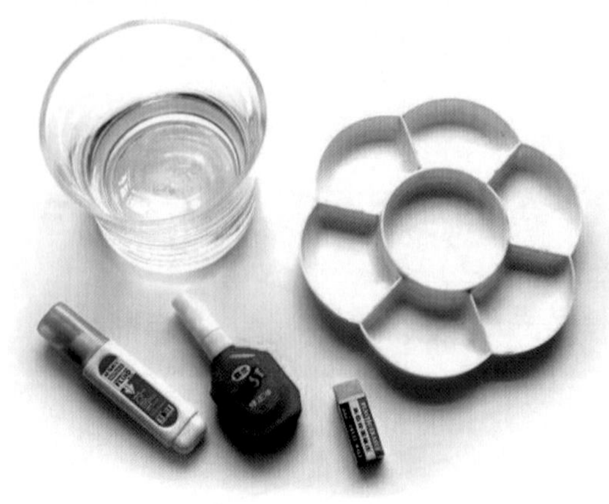

图1-25　其他相关辅助工具

1.4 学习手绘表现技法的方法及要求

学习手绘表现技法首先要对线条进行掌握。线条具有很强的表现力和很强的灵活性。它是彩铅表现、水彩渲染、马克笔表现等多种表现形式的基础。通过对线条的练习可以加深对设计语言的了解以及对空间概念的把握。同时，能够培养、锻炼初学者的概括能力和抽象思维能力。学习者可以通过边想、边画、边组合的方法进行练习，从而达到脑与手的配合，能有效地运用自如，即所谓“得心应手”的境界。

其次是对作品抄绘与照片临摹。抄绘名家作品是学习手绘表现技法的捷径。正如我们第一次开口讲话，学会走路，模仿都是第一步，达·芬奇初学绘画时也临绘过许多其他画家的作品。不要认为这是纯粹的照搬、拷贝而拒绝它的艺术魅力，很多技能在开始时往往都是从模仿着手，然后才能谈到创造个人风格，对设计表现的学习也是同一道理。

再次就是通过视觉笔记用图形记录信息、经历、设计、内涵等，以对不完善的记忆做有效的补充。它与文字笔记最初产生的契机一样，同时又不同于文字记录。即使是最抒情、最富诗意的文字所表达的感受和所激发的想象有时也很有限，而图形却无比直观和富有冲击力（图1-26）。作者在阅读美国建筑师诺曼·克罗与保罗·拉塞奥所著的《建筑师与设计师视觉笔记》一书时，颇有心得的是后记中建筑师托马斯·毕比源于维吉尔之屋的记叙文以及视觉笔记和建筑绘画作品。同样是对维吉尔屋形象的描述，大段文字给人的印象片段组合远不及绘画来得生动明了，图形语言对于立体与空间的表达显得尤其有优势（图1-27）。

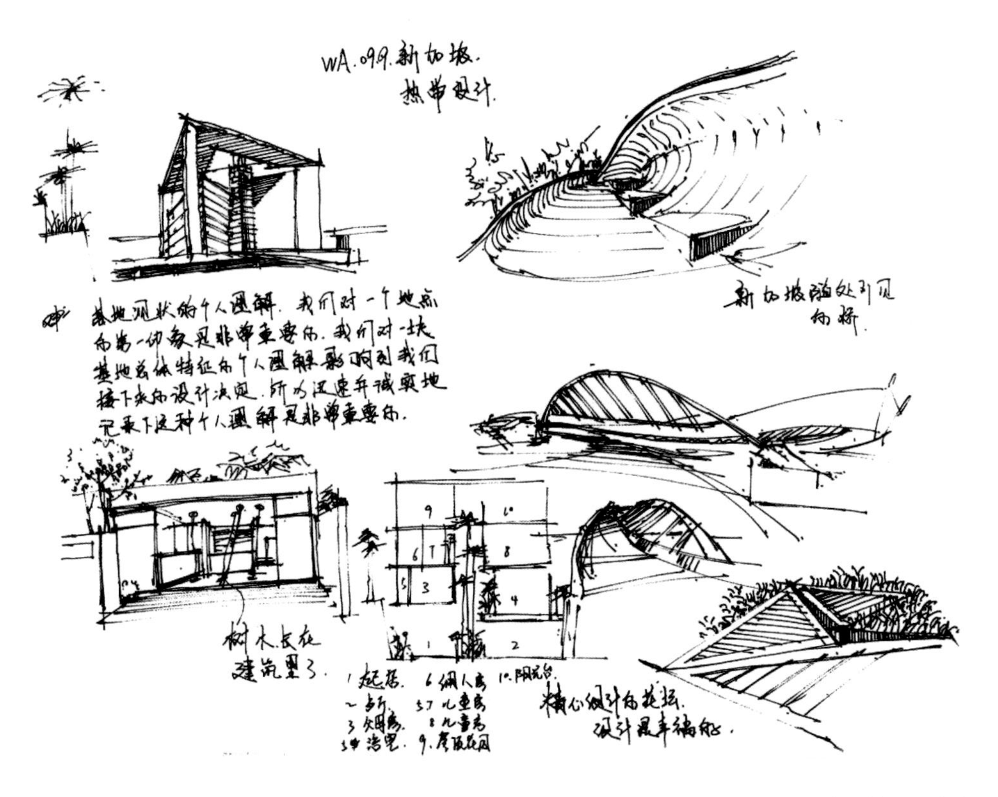

图1-26　通过视觉笔记完善记忆是提高设计表达能力的重要手段（钢笔　周波）

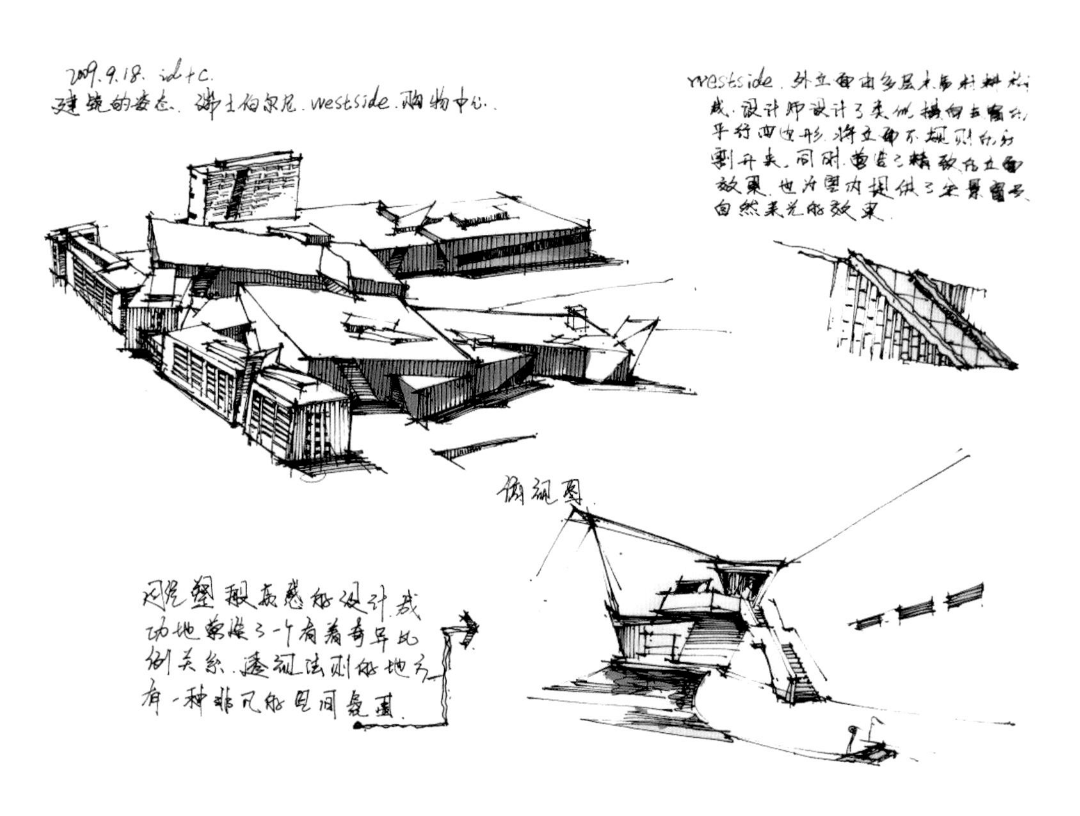

图1-27　运用图形语言记录对于立体与空间的表达显得尤为重要（钢笔+马克笔　周波）

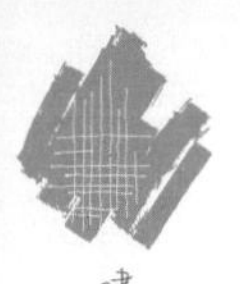

任何技能的提高都得益于重复练习和观察感受。手绘表现展示了很多或许因受文字限制而难以表达的方面，它向人们传达的是设计师是如何观察和感受事物的。观察、思维和想象是互动的，经过长期刻意训练观察能力，就能开发和提高视觉敏锐性，清晰准确地看到自己所处环境的多重信息并能进行提炼。为什么说大部分设计师在正常平视角度下能很快画出平面空间关系图或轴测图，而且能将其转化为立面图？这是因为他们带有目的性和预测性去观察，不仅能写实绘画，也能分析、审查、概括、重构、设计和创造。这也正是设计师所需要的视觉修养——视觉敏锐性以及抽象视觉表达能力。只有信任自己、艰苦工作、积累经验才是真正的成功之路。灵感只光顾那些有准备的人。

一幅优秀的室内手绘表现图不仅是设计师视觉敏锐观察及表达能力的结果，也是设计师综合素养与能力的表现。这不仅要求具有深厚的造型功底和专业功底，要懂得观察生活、研究生活，而且要求具有渊博的艺术修养，因为只有懂得艺术才能把生活变成艺术，只有新鲜的艺术语言才能使人激动。正因为如此，手绘表达的“得心应手”是一个长期坚持的过程，包括对画面的形体结构、形体尺度、画面构图、空间与结构、色彩关系甚至设计师的审美取向、审美情趣都要有相关的培养。

思考与练习

1. 如何理解手绘表现图？其特征有哪些？
2. 手绘表现图的意义和价值有哪些？
3. 手绘表现图必须具备怎样的基本素质和能力？
4. 收集名家手绘作品，然后比较不同的媒介和运笔技巧，并尝试临摹学习。

第 2 章 建筑室内设计构思与手绘草图表现

2.1 手绘创意表达与图解思考

2.2 手绘概念草图与表现技巧

2.3 设计思维与表现的互动

2.1 手绘创意表达与图解思考

创意表达是设计开始的重要阶段，这一阶段的手绘表达实际上体现的是一种图解的思考方式，图解思考可以对创意思维进行逻辑性的推理和记载。在这个阶段中，思考与设计草图的密切交织促进了设想和思路，草图的表达相对比较随意，可能是些零星片断的潦草构图，或者是些只有设计师自己看得懂的图解示意。但正是这些图解草图在设计过程中具有不可缺少的作用，它如同一座桥梁搭建在思维的抽象与具象中间，使巧妙的构想能被及时捕捉，通过逐步的推敲和演变进入视觉化的空间。

所以，这个阶段的培养和训练对于整个设计过程就显得极其重要。设计者通过对概念创意、形象思维、造型能力、空间分析能力、审美判断能力训练，达到综合创意思维能力的培养。

2.1.1 概念创意与图解思考

概念创意作为设计过程的灵魂，怎样用视觉语言或图解方式将概念创意表达出来，是设计初始的核心内容。室内设计思维方法有自己独特的思维方式，其中草图是将创意表现为可视的符号图形，为确立正稿奠定基础(图2-1)。至于调整修改则是精益求精、锦上添花，使整个创意更加完美。在这个过程中，概念创意代表着独特的主意、个性化的点子，草图是设计中的一种程序、一个过程。设计师要将概念创意明朗化，首先要明确一些基本概念，对该项目在功能、设施、环境和视觉语言的应用方面有所理解。比如，旅游建筑，有宾馆、酒店、度假村、游乐场等；住宅有别墅、城镇住宅、集中式公寓等。不同的概念有不同的内涵，它们因地理位置、建设规模、经营管理方式、社会环境、建设质量、设计风格、建设者赋予它的内涵等差异而表现出不同的特征。在进行设计之前首先要针对上述因素进行综合分析，尽可能全面了解、认识该项目的建设在投资、经营管理、功能、项目等方面会对环境带来怎样的影响。设计者根据这些信息和投资者的意图，经过归纳、综合，形成一个对项目的开发建设起引导作用的概念性方案。换句话说，概念创意是从某种理念、思想出发，对设计项目在观念形态上进行的概括、探索和总结(图2-2)。

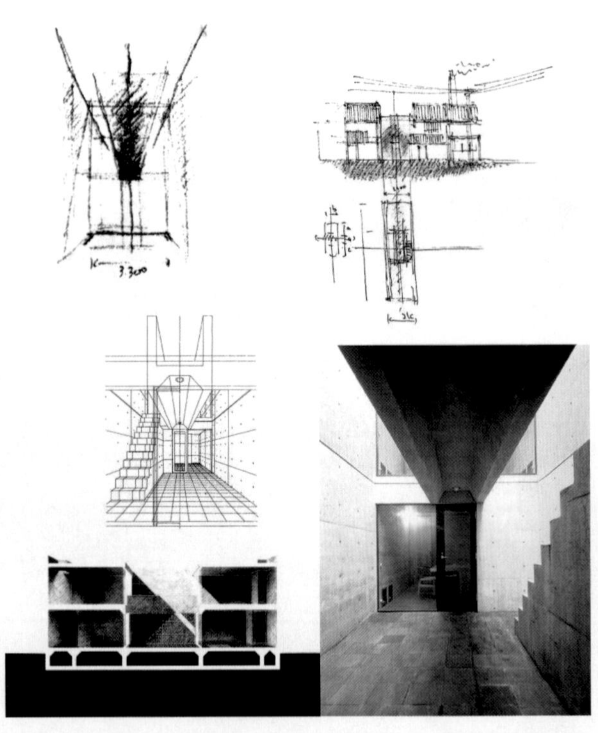

图2-1 安藤忠雄设计的住吉的长屋创意草图

图2-2 理查德·罗杰斯构思的Conin街概念创意草图

概念创意的表达方式正是通过图解思考得到诠释，二者之间是一个相互融合、相互补充的过程，通过眼、脑、手三个环节的相互配合，从纸面到眼睛再到大脑，然后返回到纸面，再通过信息交流进行保留、添加和删减，从而选择理想的构思。在这种图解思考中，信息通过循环的次数越多，变化的机遇也就越多，提供选择的可能性越丰富，最后的构思自然也就越完美(图2-3~图2-6)。

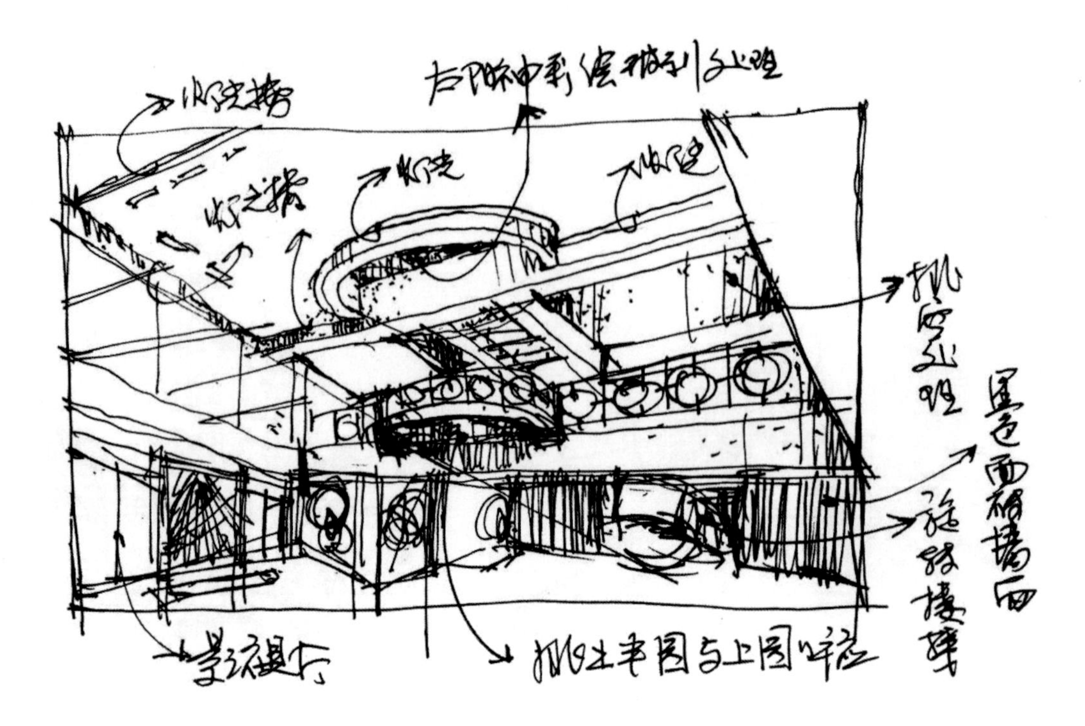

图2-3　通过图示与文字手段诠释的概念创意草图（钢笔　佚名）

图2-4　为某酒店休闲区构思的概念创意草图（签字笔　逯海勇）

图2-5　为某别墅起居室构思的概念创意草图（签字笔　逯海勇）

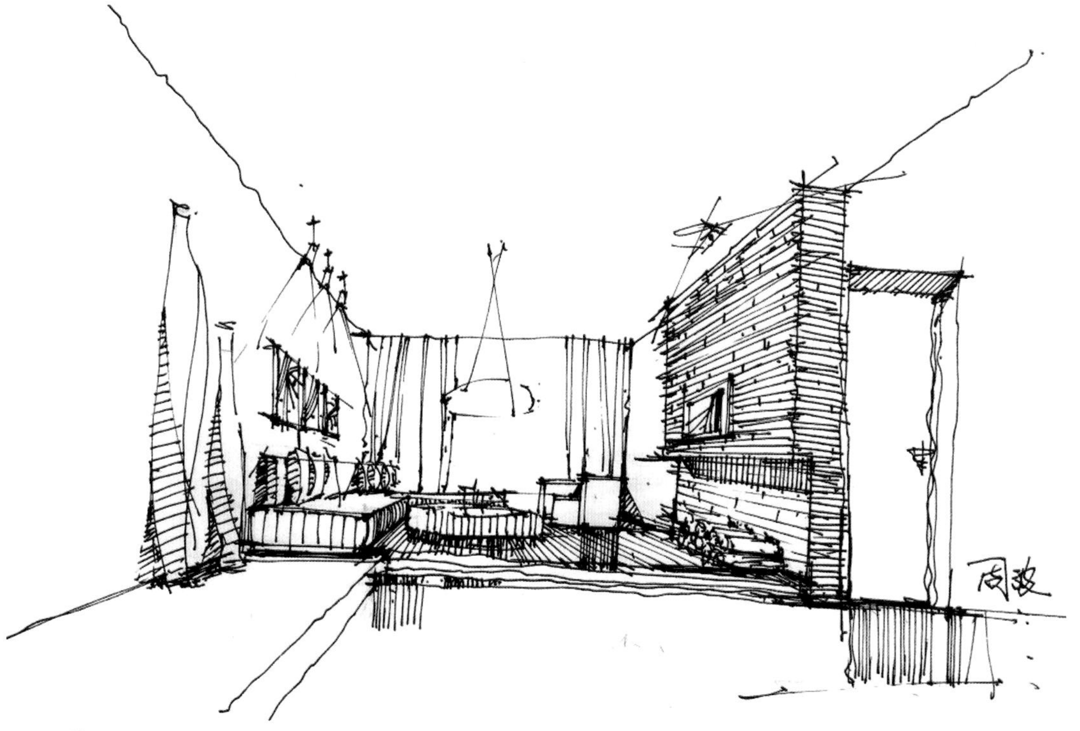

图2-6　通过信息交流进行保留、添加和删减，从而形成理想的构思（签字笔　周波）

事实上，概念创意在项目勘察的概括和探索的基础上就已形成了，只是这时头脑中所反应的概念是一个模糊性、不确定的思维形式，概念的确定还需要经过缜密推敲和审定。随着设计思维的进一步完善，概念创意就像一篇文章和故事的中心思想那样逐渐明晰，使设计的过程从一个点切入到可操作的层面。

2.1.2 平面功能分析与图解思考

柯布西耶说："平面是生成元。"平面设计就是明确和固定某些想法，就是按秩序将想法整理出来，使观者明白设计者的意图，这是一场战役的开始。这就要求设计者对平面功能做认真分析，分析的手段就是图解思考。这一阶段的图解由于其理性化的特点，决定了设计师必须掌握一定的设计语言，通过理性分析和判断，反复甄别，从而达到平面向空间转化的目的(图2-7、图2-8)。

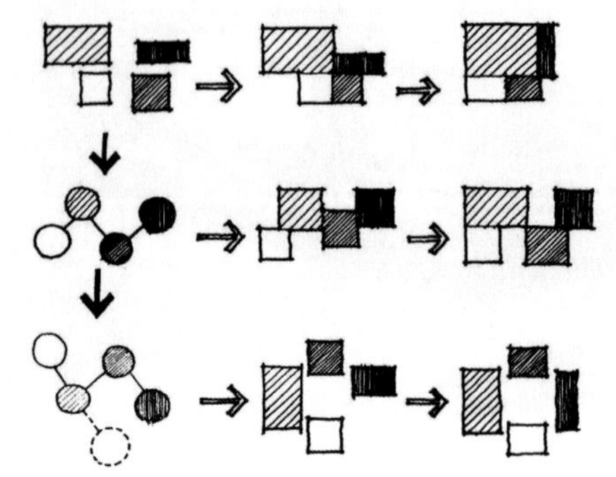

图2-7 平面功能分析的图解思考方式

室内设计作为建筑设计的延伸，很多项目是针对原有建筑使用性质的改变所产生的功能方面的问题，因此室内设计是通过适宜的形式和技术手段来解决这些问题。而平面功能分析就是在建筑内部界定空间中进行的一种解决问题的方式，它是根据人的行为特征，将室内空间的使用基本表现为"动"与"静"两种形态。具体到一个特定的空间，动与静的形态又转化为交通面积与实用面积，可以说室内设计的平面功能分析主要就是研究交通与实用之间的关系，它涉及位置、大小、距离、尺度等多种要素。

在室内手绘平面图中，要时时把握住各种要素的特点，每一处形体、每一种功能的转换以三维的形象在思维中出现，这样平面布局就不仅仅是二维的点线关系，它的每一条线段及其所呈现出来的内容都是一种空间形象。具备这样的设计意识，不但能有效提高设计水准，也为更好地表现设计意图提供了良好的基础(图2-9~图2-15)。

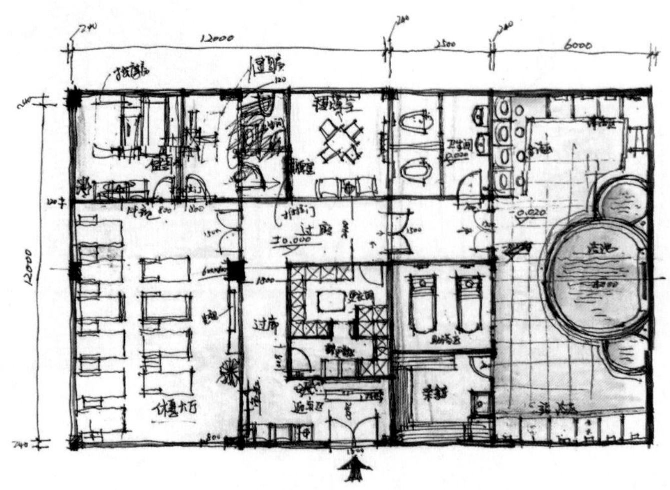

图2-8 通过理性分析和判断绘制的某休闲空间平面图（中性笔+彩铅 逯海勇）

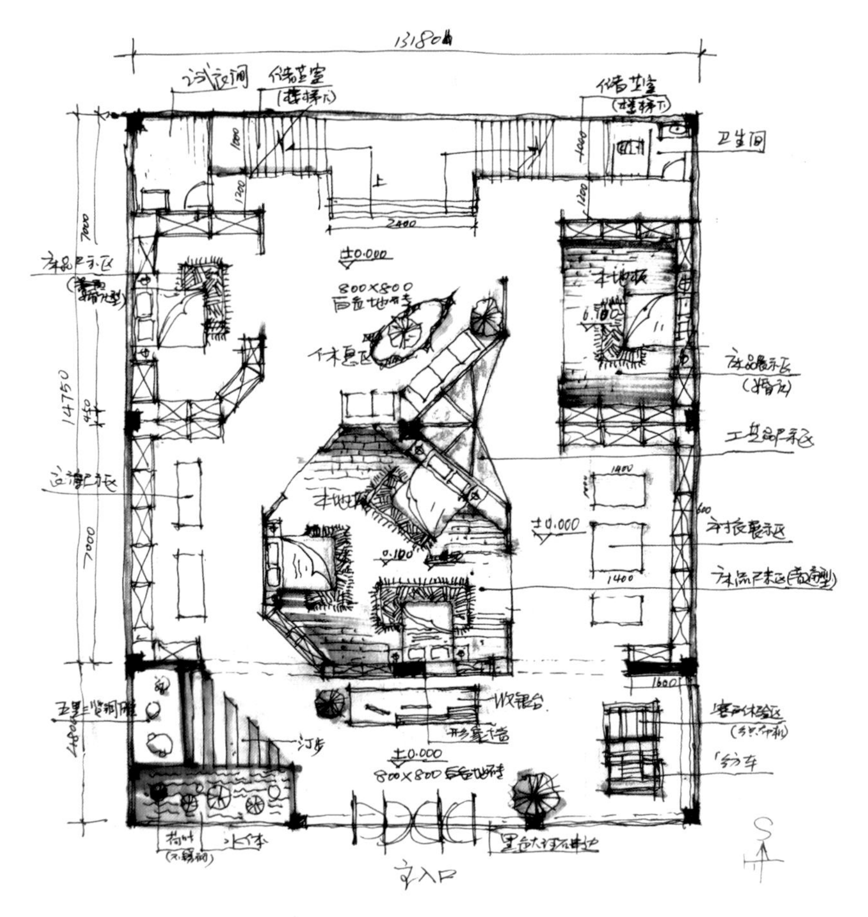

图2-9　某专卖店室内手绘平面图（签字笔+彩铅　逯海勇）

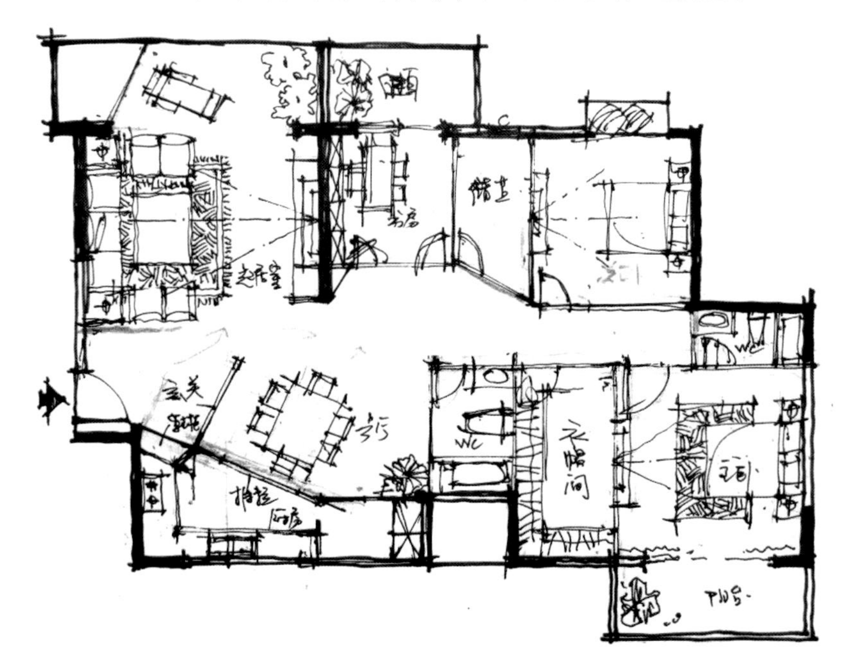

图2-10　某住宅室内手绘平面布置图（签字笔　逯海勇）

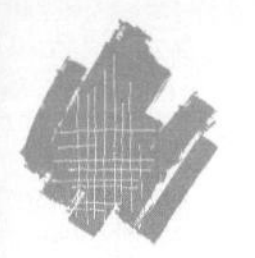

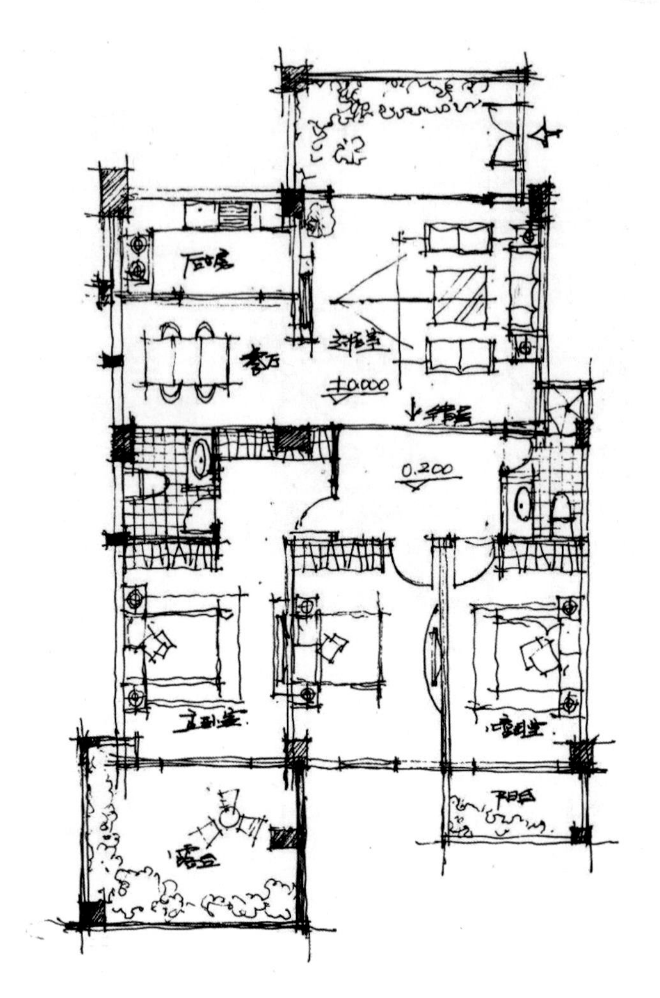

图2-11　为某住宅构思的平面布置图（签字笔　逯海勇）

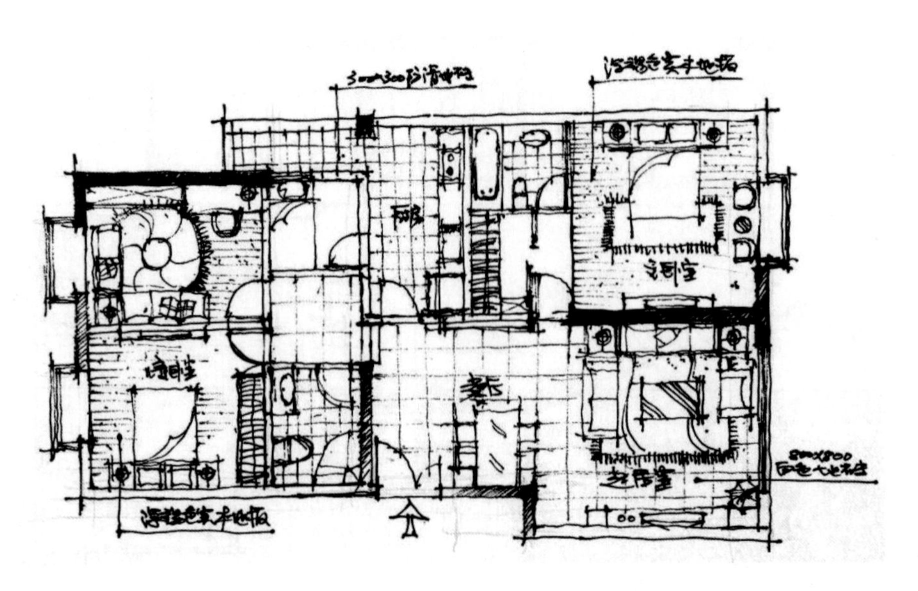

图2-12　设计师绘出的每一根线条及其所呈现出来的内容都是一种空间形象（签字笔　逯海勇）

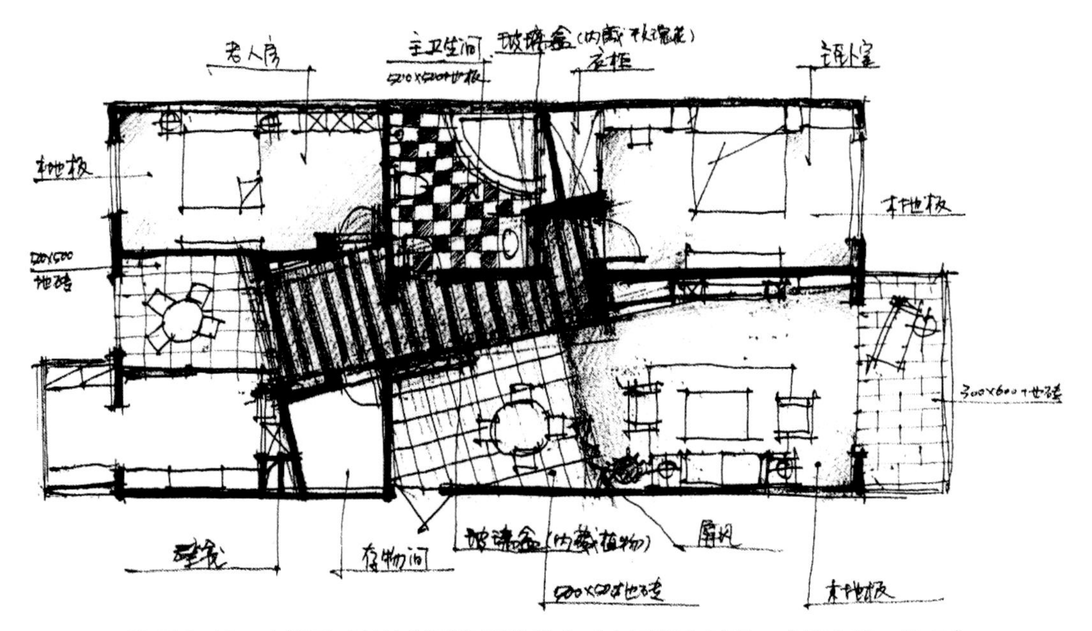

图2-13　功能形式转换以形象思维的方式在图纸上展现　（签字笔　佚名）

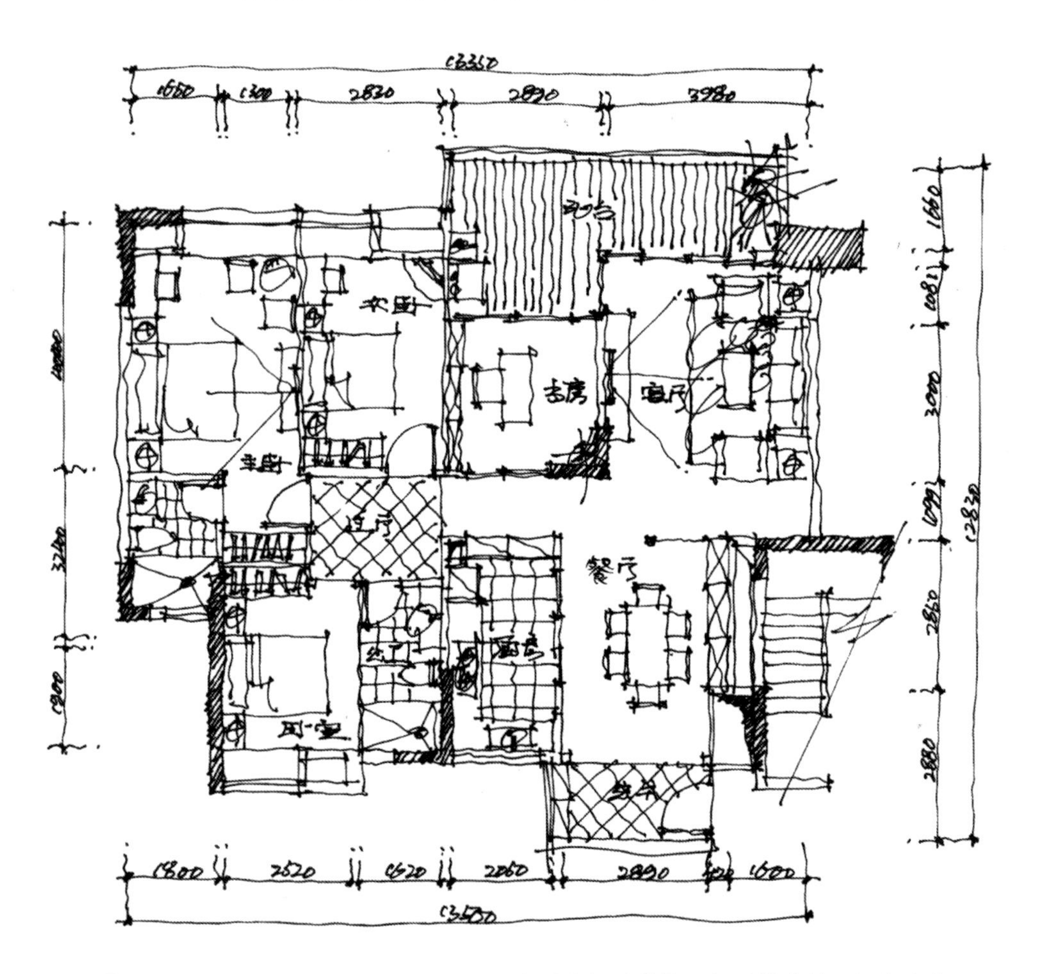

图2-14　理性的平面分析有助于观者对空间功能的理解（签字笔　汤留泉）

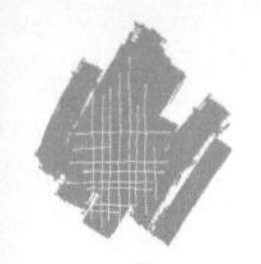

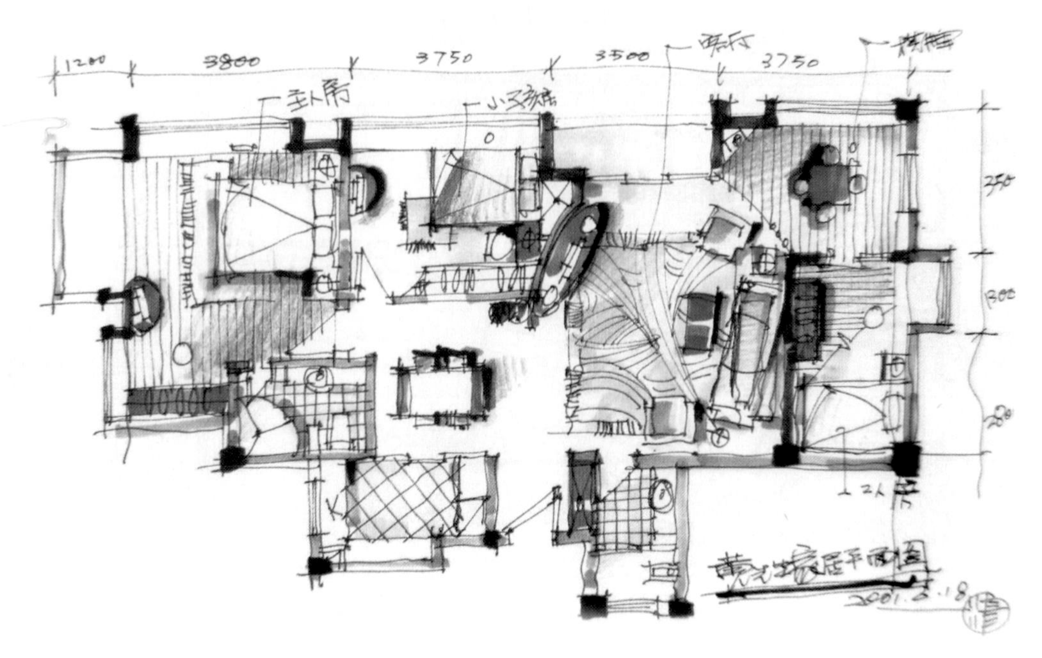

图2-15　通过独特的表现语言充分地体现了设计的设计意图
（签字笔+马克笔+彩铅　杨健）

2.1.3　手绘构思与媒介的情感体验

在手绘草图构思过程中，媒介的参与作用不可低估，适宜的媒介参与能激发设计者的灵感，它对于图像的质量乃至设计者的情感都会有极深的影响。不同的纸与笔带给设计者的感受是不同的，甚至能引起设计者对表达图像的革命性突破和进步。对于媒介的认同来源于设计者的使用习惯和长期使用过程中的认可(图2-16~图2-22)。

图2-16　不同媒介的参与对于图像的质量乃至设计师的情感都会有极深的影响
（有色纸+马克笔+彩铅　韦自立）

图2-17　在灰卡纸上运用马克笔和彩铅绘制的设计草图（灰卡+马克笔+彩铅　杨健）

图2-18　娴熟的表现技巧，加上有色纸本身的质地效果，更能体现设计师的创意（灰卡+马克笔+彩铅　杨健）

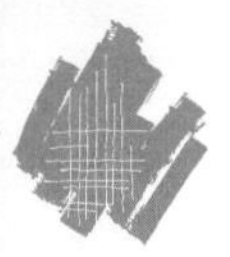

图2-19　在灰卡纸上通过提白的手法使表现图更加明快（灰卡+水彩　李文华）

图2-20　在底纹纸上作者通过精细的描绘,表现出细腻的质感效果（底纹纸+水彩　李文华）

图2-21　在复印纸上用马克笔和彩铅表现的餐厅表现图
（复印纸+马克笔+彩铅　逯海勇）

图2-22　某博物馆过廊表现
（复印纸+马克笔+彩铅　逯海勇）

在所有的媒介中，图纸是手绘表达的重要媒介，设计构思和图纸是密不可分的。此时，图纸是手绘的还是机绘的并不重要，重要的是将一个想法转化为某些视觉上可以识别的可视符号，使画者和观者通过图纸上的图像信息达到取得共识的目的。

图纸作为设计者和接受者之间的一种交流工具，之所以能够成为交流工具，基于某些人们理解上的常规约定。从形式意义上讲，室内设计手绘表现图(平面图、立面图、效果图)与其他设计作品不同，与作为艺术品的图画也存在较大差异。例如，如果拿出一幅中国卷轴式的界画和一幅相似的建筑或室内表现图，我们立刻就能了解二者之间特征与内涵上的差异，尽管实际上二者之间具有表面上的相似性（图2-23、图2-24）。

这些常规约定多半是必要的，因为图纸仅仅是表现内容的类比，它与表现内容总是存在差异。无论设计图多么努力地想要“精确”或“表达氛围”，它总是不可避免地保持着一幅图纸的属性和表现内容的可视性。

图2-23　中国传统建筑画

图2-24　现代建筑画　（夏克梁）

2.2 手绘概念草图与表现技巧

2.2.1 手绘概念草图的定义

草图是初始化表达设计或者形体概念的阶段，是一种充满激情、粗略、概念化、非正式的表达方式。这种形式本身存在的速度优势使它可以用强有力的方式记述一个想法，也可以从观察真实的状况和环境的视觉笔记开始，延伸到用于解构一个想法或概念的分析图的产生，可以说绘制草图的过程充满了设计的可能性和不确定性。

概念草图可以揭示一个复杂想法的本质。概念草图的重要任务是清晰、简洁地表达设计的意图。设计开始于那些粗略的草图，设计师在开始考虑设计方案的关键问题时，多通过一系列即时而快速的手绘草图，运用简练的线条和渲染处理，来推动更加深入和详细的设计发展。概念草图多是以线为主，多是带有思考性质的，多为记录设计的灵感与原始意念，不追求效果和准确（图2-25、图2-26）。

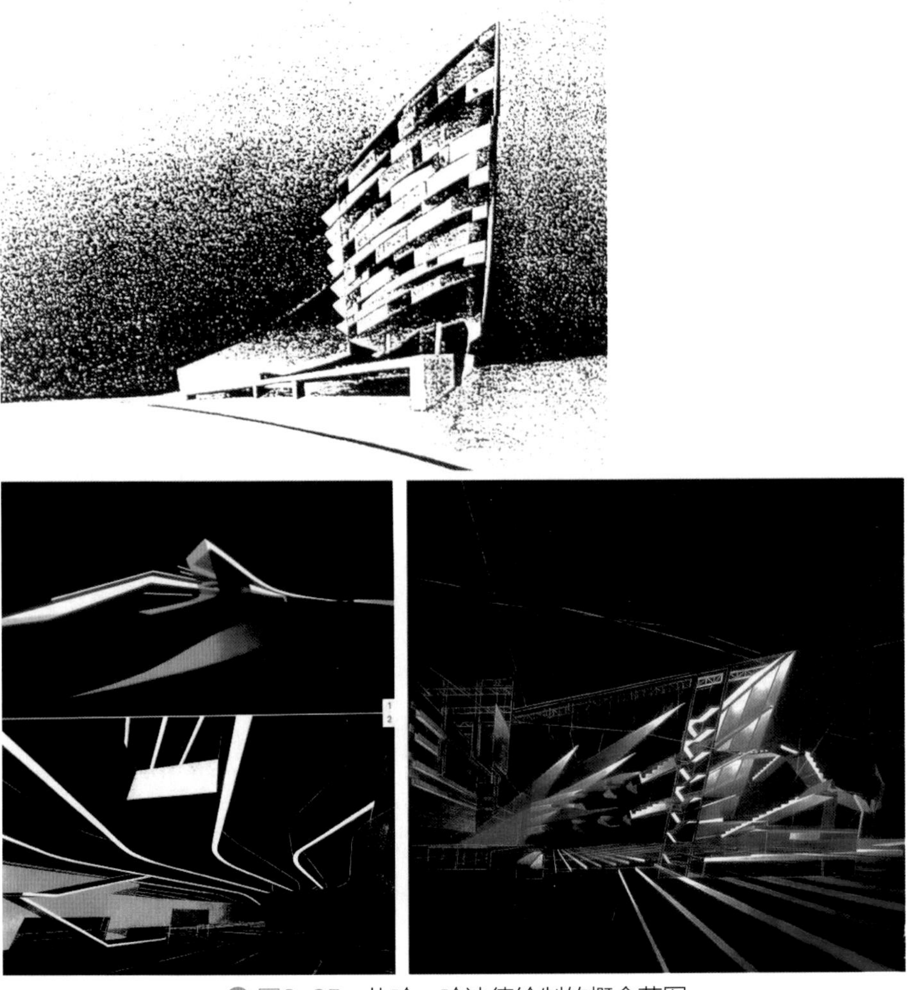

图2-25　扎哈·哈迪德绘制的概念草图

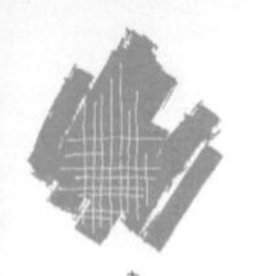

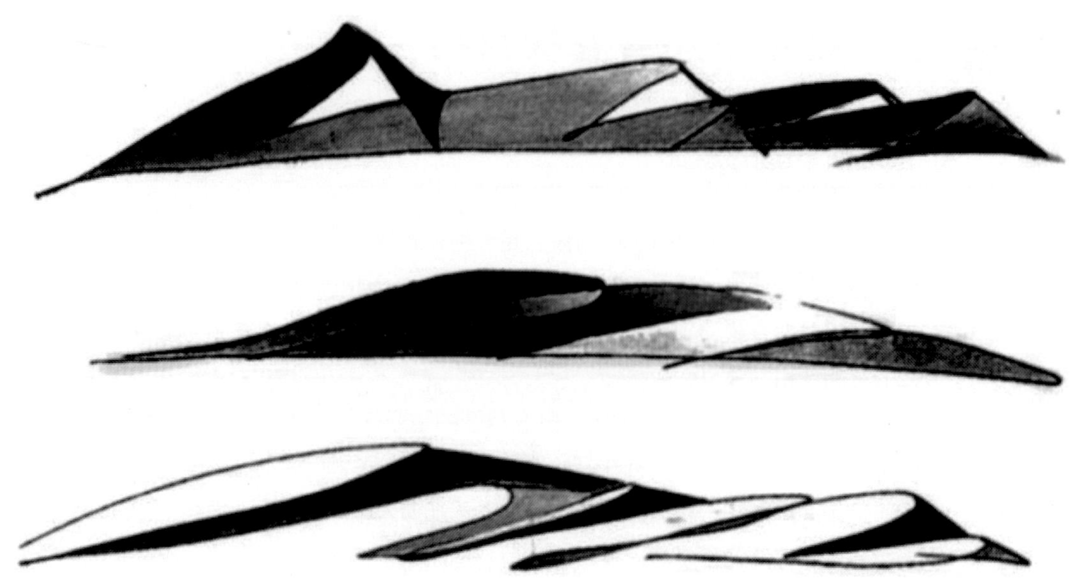

图2-26　扎哈·哈迪德为伊斯兰教艺术博物馆构思的概念草图

手绘草图的技巧也可以被探究并发展直到产生特殊的偏爱和个人的风格。风格上的差异与使用的工具(钢笔、铅笔、炭笔等)相符；与色彩、色调或质地的运用相符；与线条的多少或图像比例相符。最重要的，个人手绘草图的技巧需要通过不断练习和实践才能进步，因为手绘草图不单纯追求的只是技法，而是一种技法与想法于一体的技能。单纯迷恋“技”只会将自己变成一个熟谙绘图手艺的“技术员”(图2-27~图2-29)。

图2-27　使用中性笔和马克笔绘制的草图　(逯海勇)

图2-28　使用钢笔和马克笔绘制的草图　（佚名）

图2-29　使用钢笔和彩色铅笔绘制的个性草图　（佚名）

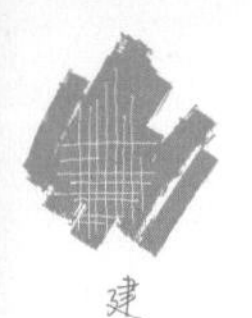

2.2.2 与手绘概念草图有关的几个命题

2.2.2.1 分析草图

分析草图是用来分析一个建筑、空间或构成要素，用来分析设计想法的产生和进展，可以产生在设计过程的任何阶段。这些草图将展示设计师的思想并最终影响设计方案。

处于设计过程最初阶段的草图一般应是场所的分析草图。不论是室内设计的前期功能分析还是施工结构分析，这些草图描述了已经存在的事物，可能是现场环境状况，或者是场地材料类型的分析图解。这些分析图解贯穿整个设计并最终影响室内空间设计的想法（图2-30、图2-31）。

将分析草图视为推敲工具并非意味着它只能出现在设计初期。从时间维度看，分析草图贯穿于整个设计过程，即使到了后期，强调数据精确、思维理性的细部设计时，草图仍然发挥着重要作用。在项目的开始阶段，它们可用来传达设计的意图，在设计发展和形成过程中可以用来阐述与建筑空间体验有关的想法或建造的问题。利用分析草图的视觉思考来推敲设计过程，至少是在设计初期的摸索阶段是最容易且行之有效的方法之一（图2-32~图2-34）。

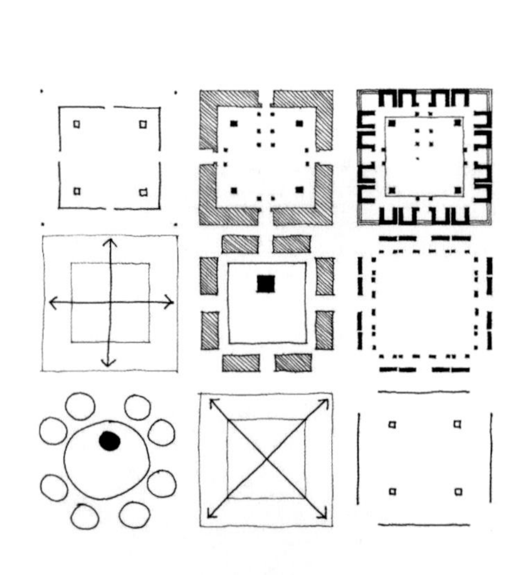

图2-30 通过简单图示分析得出的平面功能草图

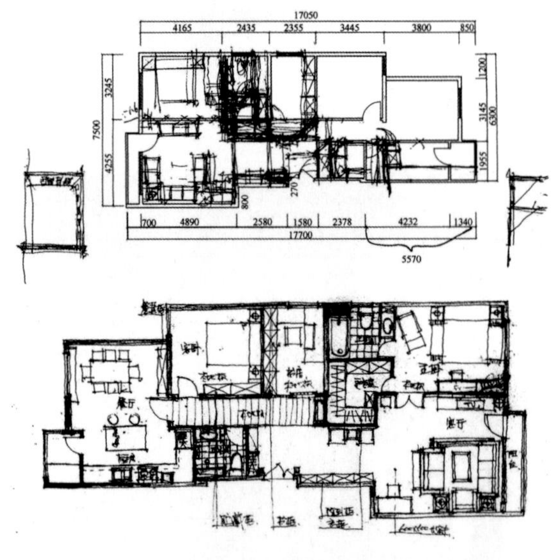

图2-31 通过分析图解分离得出平面功能草图

图2-32 理查德·罗杰斯为泰晤士河谷大学学术资源中心构思的概念草图

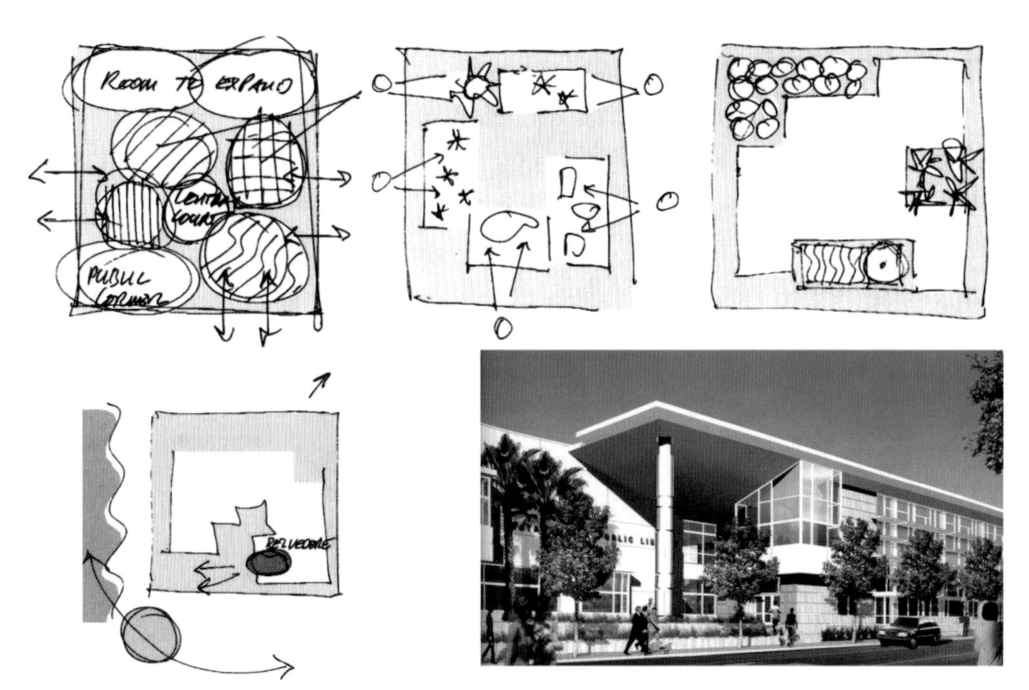

图2-33　卢堡·尤戴尔为Santa Monica图书馆构思的设计方案

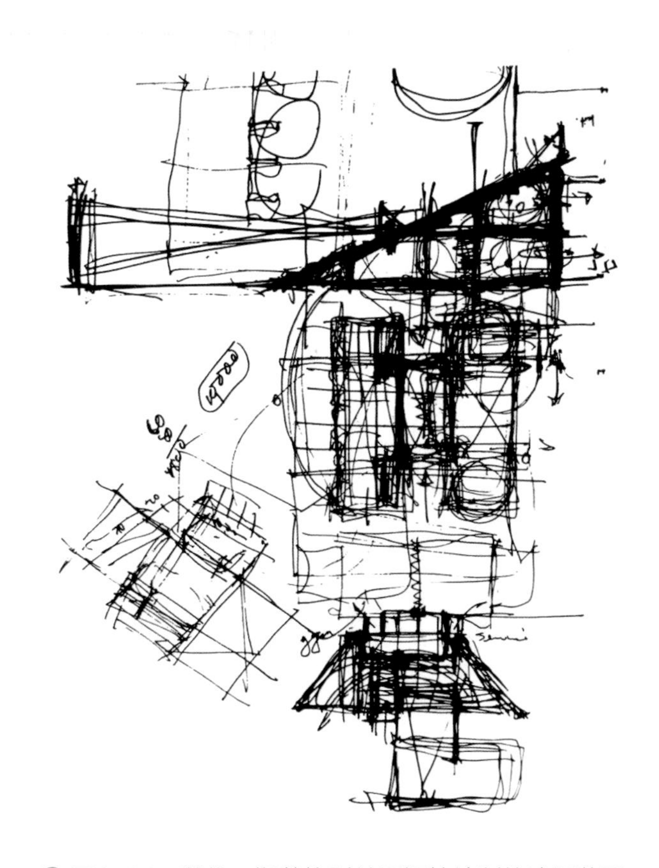

图2-34　戴维·斯蒂格利兹用钢笔绘制的速写草图

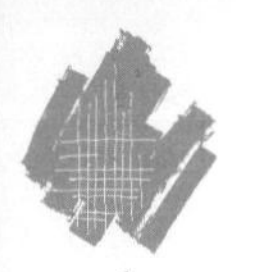

2.2.2.2　分析草图

观察草图是设计过程的重要部分，可用来描绘室内设计的界面形态、研究材料拼装或细部组合的空间（图2-35~图2-38）。仔细的观察使人们先是被吸引，然后领会看得见的东西，在观与被观的互动中揣摩设计的临界值，即草图的非确定性、随机性和偶然性。用手绘草图的方式来表现是人们捕捉灵感和观察现实的最好结果。

对观察对象的专注，是取得第一手资料的最好前提。如果对一个室内空间，通过眼睛对空间基本的结构或布局进行观察，这将帮助设计师在头脑中建立一个功能完善的平面分析。在手绘草图动笔之前，考虑好这一点非常重要。

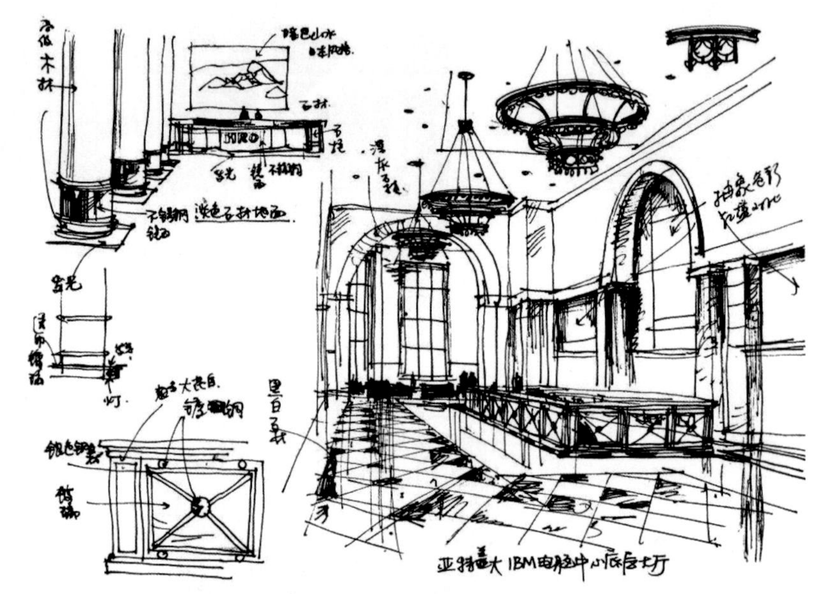

图2-35　通过手绘草图的方式表现室内细部空间组合

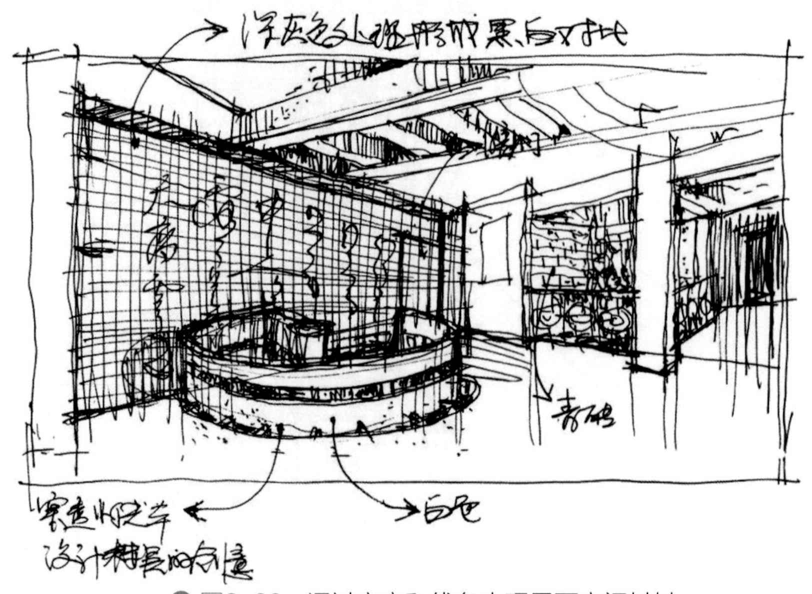

图2-36　通过文字和线条表现界面空间材料

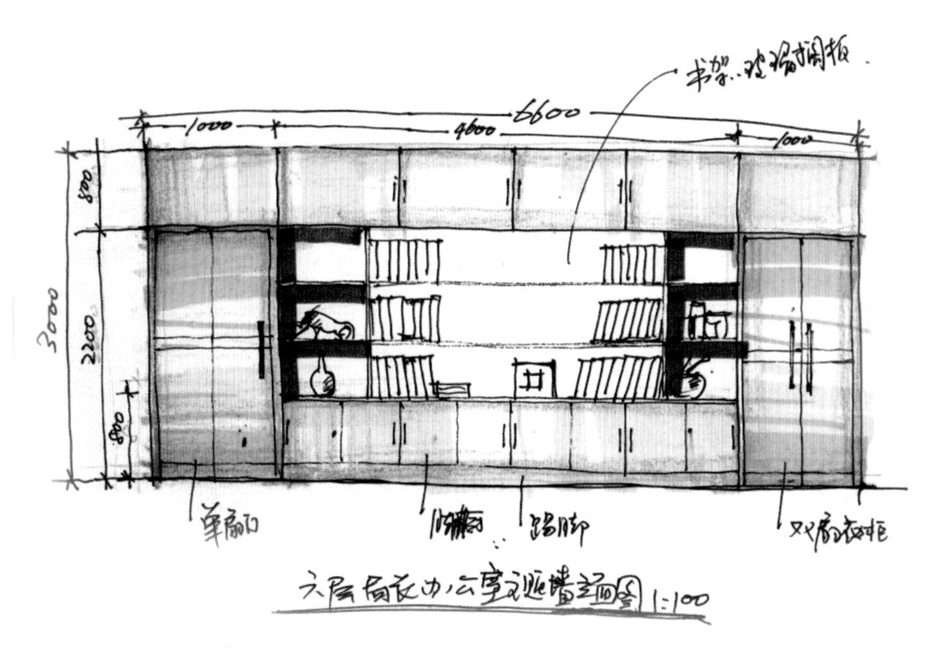

图2-37 通过手绘方式描绘的室内立面形态草图（马克笔+彩铅 逯海勇）

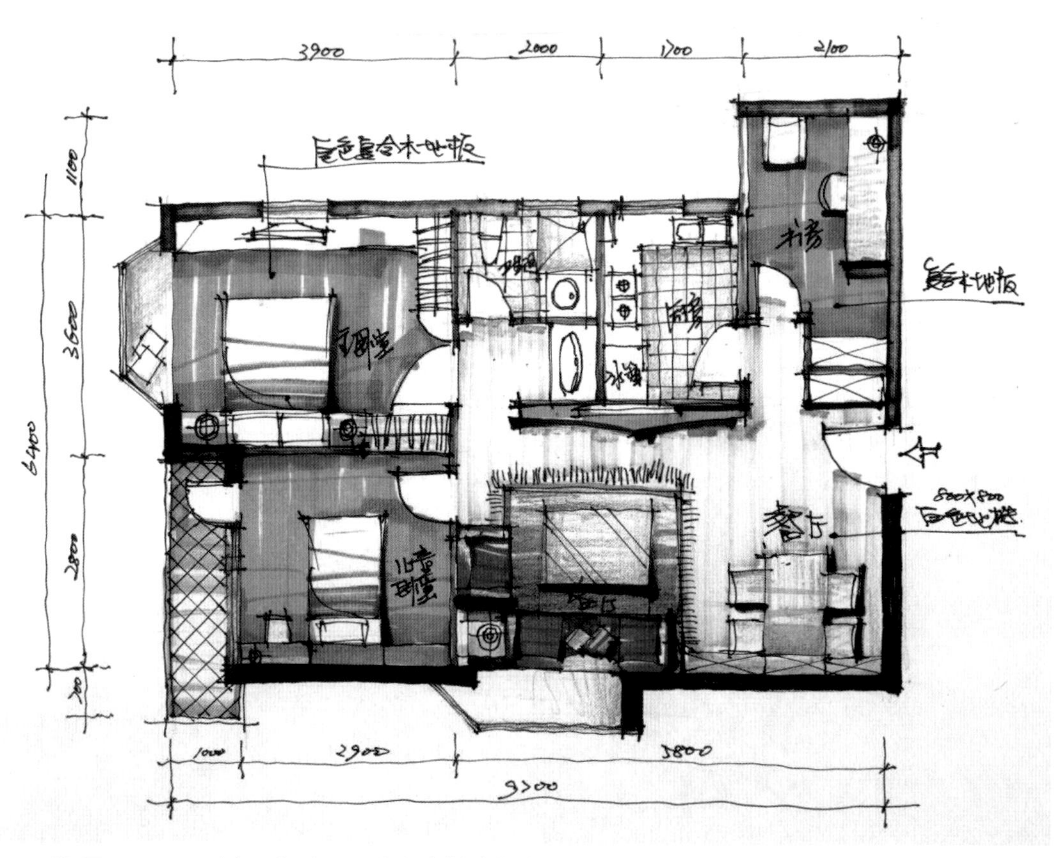

图2-38 通过观察利用手绘方式描绘的室内平面功能草图（马克笔+彩铅 逯海勇）

2.2.2.3 构架草图

为了创造出理想的观察草图，设计师需要想象出完整的空间形象，构架出设计主体，使之与周围的事物分离，成为独立的图像。判断对于草图来说至关重要，例如，画面中心的视觉元素有哪些，色彩如何体现，构图与透视如何处理等。当然还需要进一步检查轮廓图是否正确，还可能需要进行调整，以确保比例和尺寸的准确（图2-39~图2-42）。

一旦框架被正确地建立，可以加入更多的线条，对图中的细部进行深化。为了确保图像观察的整体完整，需要对添加的每一笔的准确性进行检查。当所有的线条都各就各位时，色调、纹理和颜色就可以添加到草图上（图2-43）。这样一来，可以使每个阶段都是清晰的，并且如果比例、尺寸或细部遇到问题，即时地就可以进行修改，确保手绘草图的相对“准确性”。

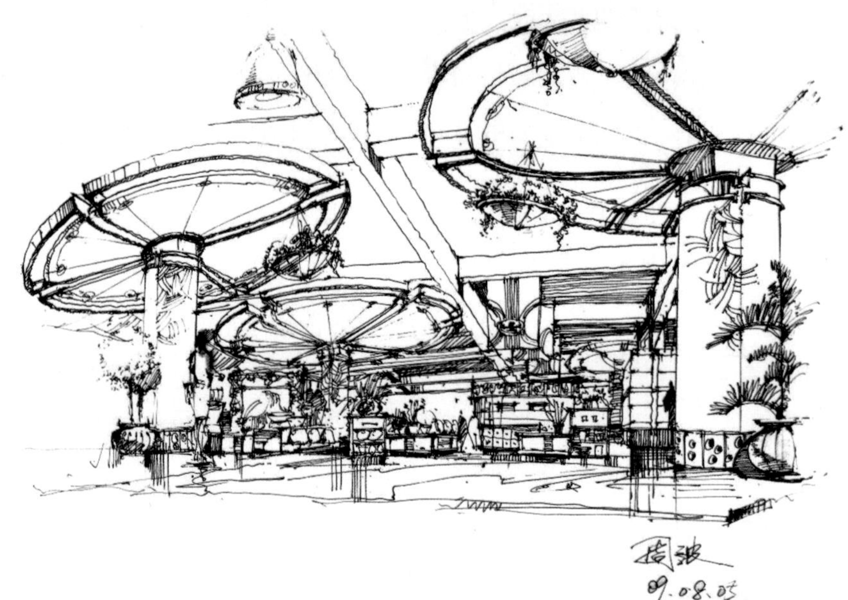

图2-39 通过斟酌判断绘制的空间形象的轮廓草图（签字笔 周波）

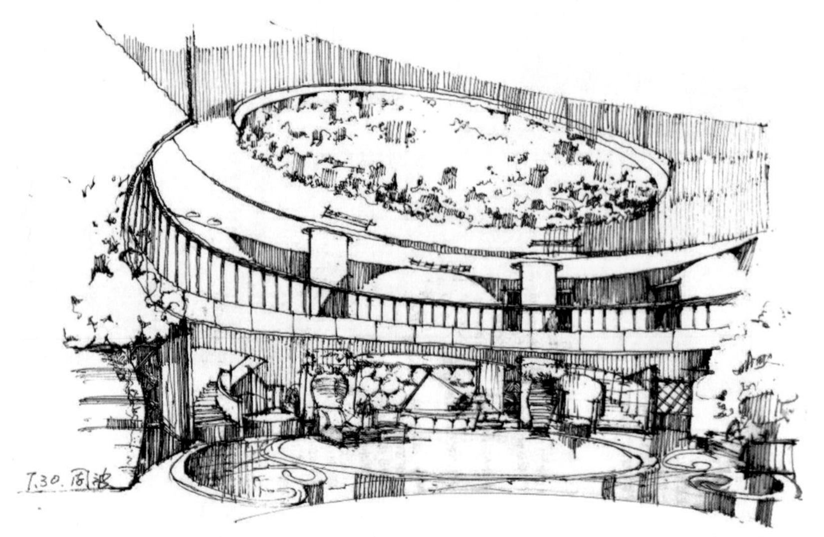

图2-40 通过检查调整绘制的形态准确的创意草图（签字笔 周波）

图2-41　通过线条的疏密关系绘制的空间形象草图（签字笔　周波）

图2-42　通过柔软的曲线绘制的空间形象草图（签字笔　周波）

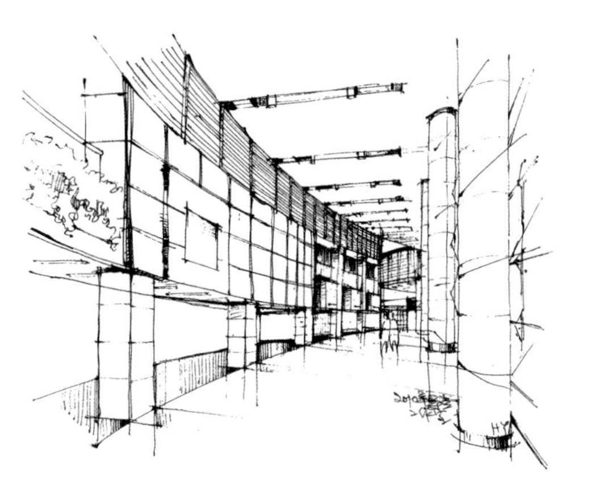

图2-43　通过色调、纹理和颜色的添加使表现图的空间架构更加清晰（马克笔+彩铅　逯海勇）

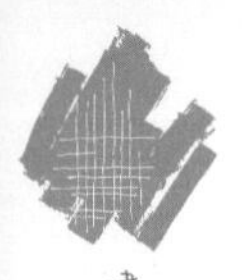

2.2.3 徒手概念草图的特征

在室内手绘草图中，通常将没有任何尺规辅助的手绘草图称为徒手草图。它具有概括、快速、便于修改及易于深化等特点，对构思的形成、手脑互动和深化设计均有良好的促进作用。徒手草图在其表现过程中具有以下特征。

2.2.3.1 利用徒手草图的“草”梳理设计思路

在室内设计中重要节点的设计优化和构造设计的初步概念都需要草图配合，以便于进一步梳理和发展设计，成为设计初期构图雏形的重要依据。在这个阶段，多注重徒手辅助的相互协调，可使工具选用、方案构思、优化设计和正式图相互配合，提高效率，使学习者体会到结合徒手的优势，为进一步学习专业设计打好基础。

2.2.3.2 利用徒手草图的尝试性和探索性判断设计走向

徒手草图包含不断修正且多层次的复合信息，草图绘制过程是非正式的，但又应该是准确而刻意的。因为草图的目标直指现实世界，而且这样的准确性在设计的发展过程中将会越来越明显，直到最后草图将逐渐演化为设计正式图纸。

2.2.3.3 利用徒手草图的多义性和不确定性捕捉设计的灵感

设计初期的意象草图通常是模糊、不确定。而徒手草图的多义性则满足了这一要求，它所表达的潜在内容要远远多于图面上的线条。在徒手构思过程中，思维处于连贯状态，设计师的思维过程可以一气呵成，避免不必要停顿和间断，也更有利于捕捉灵感。

2.2.3.4 利用徒手草图的模糊与含混表现设计的多重可能性

徒手草图具有一定的模糊性与含混性，也就是其不确定的部分恰恰使得草图具有了强大的生命力，为设计者留出了宽广的设计空间。草图思维的模糊性，其根本目的在于创造，保证了设计思维发展的可能性不会因为其他因素而丧失。其实设计本身就是一次次解决问题的过程，但设计问题则不仅仅是解决“功能”问题。因此，深入设计、挖掘设计对象的潜能就变得至关重要。

2.2.4 徒手概念草图实验技巧与实例

徒手草图的使用媒介和技巧很多：一方面设计者可根据自己的喜好来选择所使用的材料，包括铅笔、钢笔、彩色铅笔、马克笔、作图用纸等表现媒介，也可根据设计项目的性质和特点来选择能够表现设计对象气质的手法（图2-44~图2-47）；另一个方面就是形成自己喜爱的方式和风格。它们都可以通过不断的训练、技巧的试验、材料的混合或来自不同领域的媒介等来建立。例如，你收集到一幅喜爱的场景图片，可根据场景特征找出创作它所用的工具，然后尝试采用符合场景特征的技巧创作并实践，使画面风格逐步得到拓展。

图2-44　利用较粗的软铅笔绘制的室内手绘草图（逯海勇）

图2-45　用钢笔绘制的某酒店大堂设计草图

图2-46　用彩铅绘制的某酒店餐厅设计草图

图2-47　利用马克笔加彩铅绘制的室内手绘草图（逯海勇）

当有了灵感或新的想法时，这时徒手草图就有了用武之地。为了将它们在纸上记录下来，运用直觉的线条、娴熟的技巧进行快速画图，这类徒手草图既可以用于解决某一特殊问题，也可用于解释工程方案。

草图还可以被扫描到计算机里，通过Photoshop图像处理软件得到进一步处理，成为一个既是徒手又是计算机合成的图像。草图在这种不同的绘画平台间移动，形成了草图的多样化，并最终使草图更加个性化（图2-48）。

以简洁、有力的线描作为主要手段的表现图，色彩仅起点缀的作用，采用此种表现方法应有扎实的线描功底，以线的疏密组织关系来完成空间中形体的塑造（图2-49）。

在白纸上使用的黑色画线是设计师最常用的传统绘画方式，但是在黑纸上尝试使用白粉笔或其他明度超出黑纸的工具，也可以创造出一个有趣的反相改变。

多种媒介的混合使用也能得到一幅精美的表现图。以有色纸作为基底，用勾线笔完成透视线描稿，以较为粗犷的彩色铅笔刻画形体色彩，最后利用马克笔加强画面对比，这时，表现图就会出现特殊的格调：画面用笔苍劲有力，色调沉稳，素描感强。

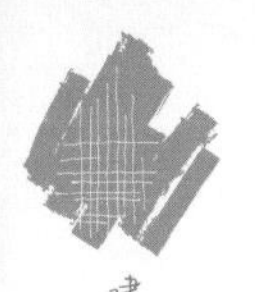

绘图时也可运用水彩或彩铅以突出表现图的某个部位。水彩颜料有一个突出的优势，它可以分层渲染。第一层可以淡淡地涂于整个图纸，然后再分层加入颜色，使图像的颜色变得更加浓郁（图2-50）。

当然，其他技巧也可尝试并实践。如拼贴画是用真实的质地合成的图像；也可通过现实场景照片与草图结合产生的新的合成图像。在这类图像里可以添加其他元素，如人物、汽车等，以烘托画面气氛。

图2-48 既是徒手绘制又是通过计算机合成的表现图（逯海勇）

图2-49 以简洁、有力的线描形式绘制的卧室设计草图

图2-50 通过水彩逐层渲染绘制的卧室表现图（李文华）

2.3 设计思维与表现的互动

设计思维与表现的互动，实际上是强调了思维由概念产生到设计成果之间的层层递进关系，轮廓形象就是在这种递进过程中逐步清晰起来，如通过草图、文字等形式手段，使设计师得到过程体验，同时也取得设计思维能力的提高。

图2-51　随意的线条组织可以激发设计思维（中性笔　马平）

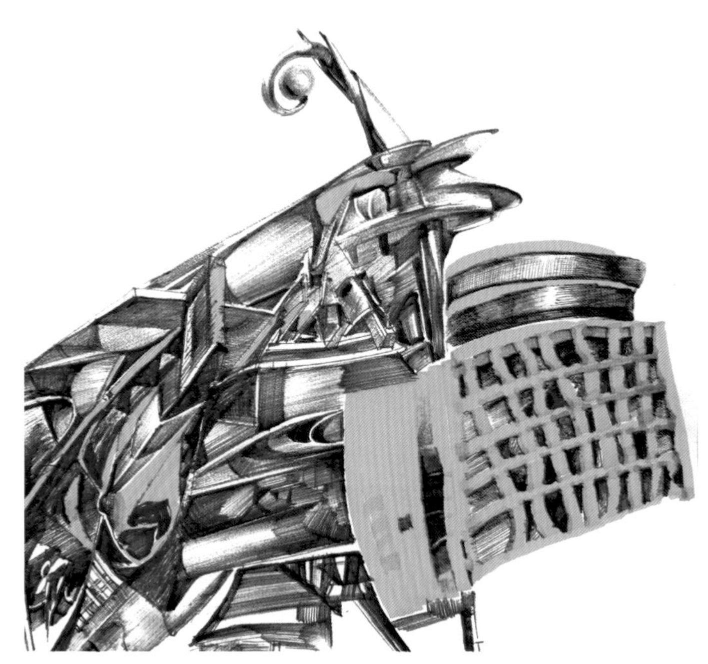

图2-52　通过归纳、总结和整理，使形体充满无限的想象（中性笔　马平）

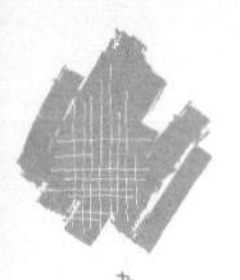

当设计思维与表现结合起来后，手绘就不仅仅是一种表达的手段，它更是一种引导设计师进一步思维的推动媒介。手绘对于设计师潜移默化的辅助作用已经得到设计师的认可，在设计师头脑里面已建立了一种综合的形象思维的观点，即通过视觉形象构成思维定式——即“观看、想象、表达”。这里，表达与思维取得了有机的统一。当思维以一个具体的形象表现出来时，可以说这个思维被图像化了（图2-51、图2-52）。这种图像化的过程正是设计师将自己头脑中的空间形象转化成视觉形象的过程。在这期间，手绘表现扮演了重要的角色。

图像可以被看成是设计师的思维与表达形象的对话，是手、眼、脑之间的一种互动。而设计师在这个互动循环之中不断丰富、完善自己的设计构思；同时，也对手、眼、脑的有机、系统的配合进行了训练。正是基于这些原因，我们有理由承认，手绘对于设计师思维的促进作用比设计过程中所应用的其他手段更具有直接的意义。从这个意义上讲，图像的呈现实际上是设计师记录了设计思维在设计过程中各个阶段性成果的文献，记录的手段也因各种客观条件的要求不同而有所区别。正因为如此，才使广大的设计从业人员能够清醒地认识到设计思维与表达的重要性，如何把设计思维与表现结合起来思考、训练，以技法为敲门砖，从而走入设计领域。

然而不管是设计还是表现，事实上都存在着“战略”和“战术”的问题。大量手绘表现技法都侧重于战术性，如画材质、画光影、画色彩、画树、画人等。当然，这些方面是表现效果必不可少的，画面的成败也依赖于此。但是，有必要提醒大家，在熟练运用技法的同时，一定要加强表现时的“战略”思考。

思考与练习

1. 如何理解概念创意与图解思考的关系？
2. 如何理解用图解思考的方式分析平面功能的重要性？
3. 什么是手绘概念草图？
4. 室内设计手绘概念草图的特征有哪些？
5. 在A3复印纸上用铅笔、钢笔、彩色铅笔、马克笔等不同工具尝试体验手绘概念草图的技巧。
6. 用手头擅长的工具抄绘或表现概念草图5幅。

第3章 建筑室内手绘表现图的基本要领

3.1 对徒手线条和体块的练习

手绘基本功主要是指徒手画线的能力，这也是作为一名优秀设计师必备的基本素质。很多人对徒手画线具有畏怯的心态，觉得这是非常艰难的，甚至有些人怀疑自己在画线表达上有先天缺陷。其实这些顾虑都是没有必要的，在掌握了正确的画线练习之后，经过一段时间的反复练习，每个人都可以自如地画线，这当中所需要的是耐力和信心。

手绘表现图中所涉及的线条并不是抽象、无生命、无内容的线条，而是能够充分体现客观形体、结构和精神的线条，它被赋予表达形体和空间感觉的职能。由于线具有一定的性格和表情，所以诞生出各种各样的线的形式，刚劲、挺拔的直线，柔中带刚的曲线，纤细、绵软的颤线等，不同线的表现给人的感觉也不一样。通过徒手练习不同的线条，并将其组合起来表达不同的形体，留给人以深刻的印象。有的人画线生硬呆板、软弱漂浮，有的人画线飘逸稳定，极富韧性和张力，所以线条本身还是有质的区别。要画好手绘表现图，首先要用心练好线条，学会运用线去塑造物体，这就需要大量实践来积累经验。在这里对线条的徒手练习做一简单小结。

3.1.1 徒手直线练习

直线是徒手表现的基础，在室内手绘表现图中，很多形体都是由直线构成的。因此，徒手画直线也是手绘表现中应用最广泛、最重要的基本能力。直线的表现有两种：一种是快直线，另一种是颤抖线。

3.1.1.1 快直线

快直线要求笔尖比较迅速地画过纸面，画出的线条挺拔、干脆、有力。初学手绘者画线条的关键问题在于下笔犹豫不决，线条不流畅，呆滞，把握不好线条的走向和长度，导致线斜、出头太多等情况。画快直线首先要做到流畅、快、轻。手腕不能单动，因为它的方向是弯的，手腕和手臂要一起动。在起笔和收笔时要略微加力顿笔，画出较为明确的起点和终点，做到有头有尾，这样画出来的线才是一条完整、清晰的直线（图3-1、图3-2）。切忌画线时虎头蛇尾，飘浮柔弱。

3.1.1.2 颤抖线

颤抖线就是画出的线条效果像震颤的波纹一样。由于行笔的速度比较慢，这样设计师就有时间去思考线的走向和停留位置，容易将直线落实到位。颤抖线画法要求在画线时平心静气，保持均匀的速度和力度，它与快直线画法同样都需要明确的起点和终点。颤抖线画法不适合一气贯通，那样比较难以控制，而是要画一段，停顿一下，做到“线断而意不断”。线条绘制宁可局部小弯，但求整体大直。但要切记，停顿时笔尖不可离开纸面，笔尖与纸面之间最好保持在85° ~90° （图3-3、图3-4）。

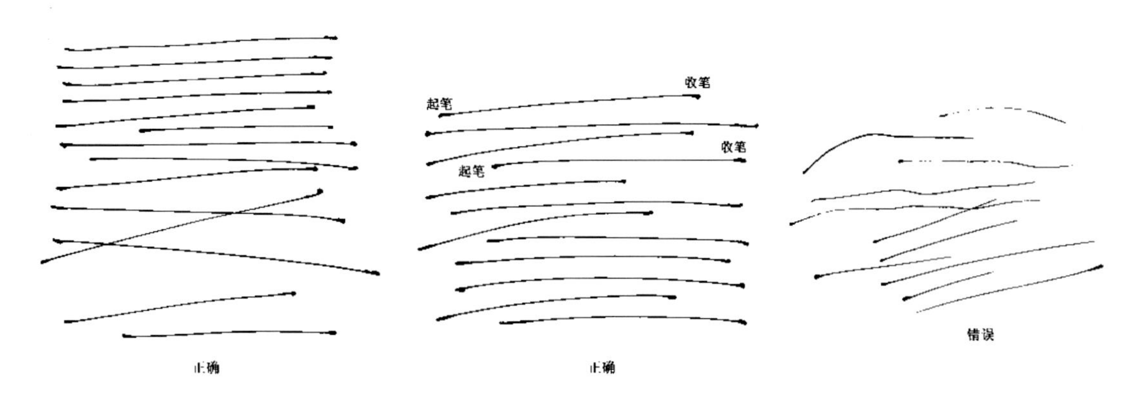

图3-1 快直线画法

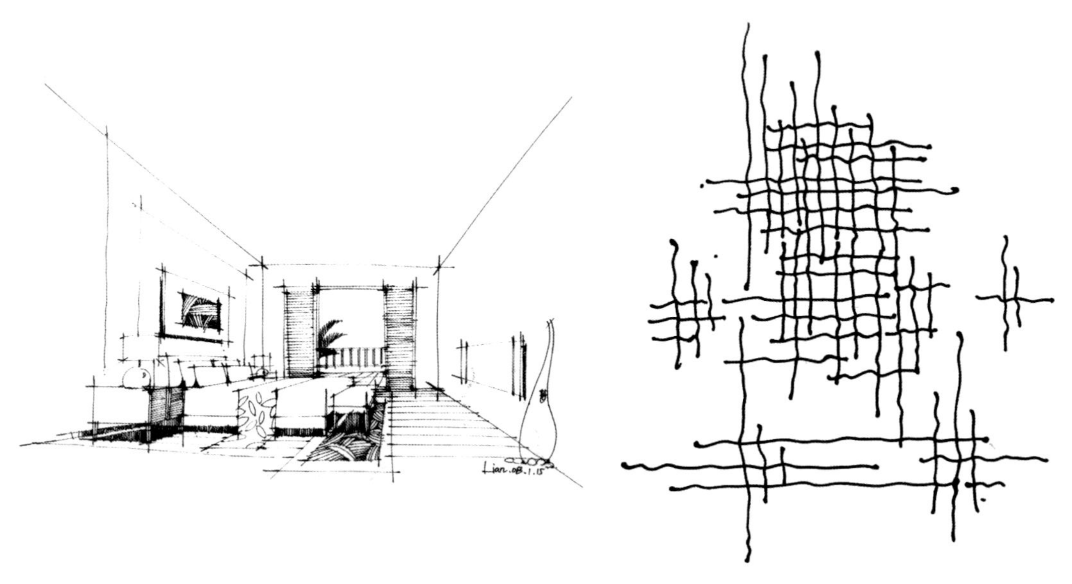

图3-2 快直线画法在室内表现图中的应用（连柏慧）

图3-3 颤抖线画法

图3-4 颤抖线画法在室内表现图中的应用

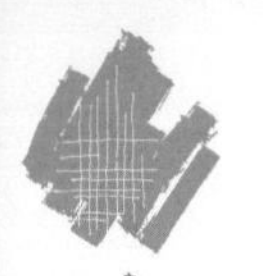

3.1.2 徒手曲线练习

一般来说，画曲线比画直线难度要大一些，较短的曲线以手腕运动画出，较长的曲线则以手臂运动画出。画较长的曲线要做到胸有成竹，落笔之前就要看准笔画的结束点才能用较快的速度画出流畅、准确的曲线（图3-5）。

图3-5　曲线画法

手绘表现图中的曲线运用是整个表现过程中十分活跃的因素，在绘制时一定要强调曲线的弹性和张力。画曲线时一定要果断、有力，一气呵成，不能有所谓的描的现象，即用笔虽然连贯，但犹豫而无力。同时，我们还要知道，线的不同方式的运用是为了表现空间的效果，由于透视的关系，表现图中的曲线往往会伴随着透视变化而变化，所以，曲线也是表现透视效果的直接因素。在手绘表现图中，曲线刻画的程度往往直接体现绘图者的功底和对表现对象的把握能力（图3-6、图3-7）。

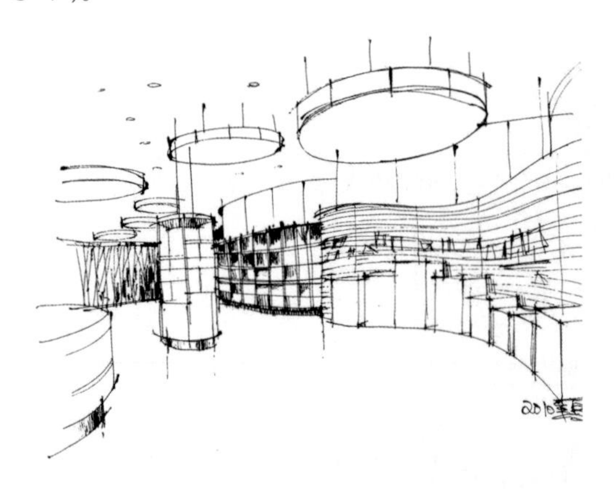

图3-6　流畅而有张力的曲线是整个表现过程中十分活跃的因素

图3-7　线条的疏密组织和空间界面的一致性更能说明透视效果的多变

3.1.3 徒手体块练习

体块练习是对线条练习的深化，是进入实质性练习的第一步，它主要是通过简单的形体及结构透视练习，让初学者了解并掌握物体结构、比例、空间构成和透视关系等，对线条的练习进一步加强，而且此种方法有益于增强练习者的三维空间想象力，增强对透视的理解。

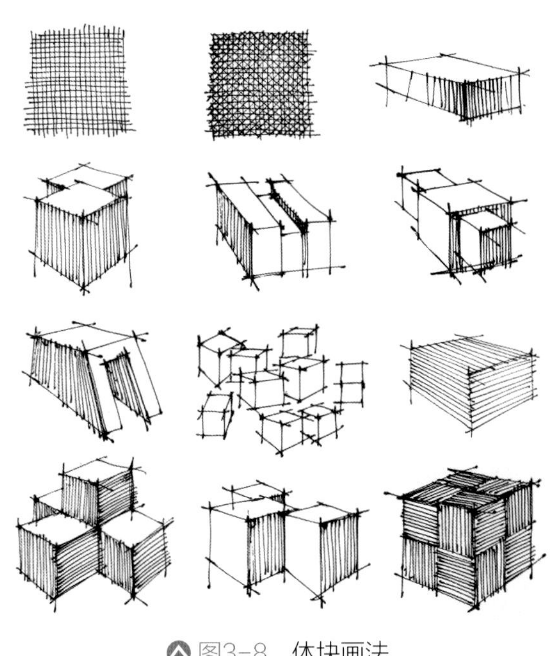

图3-8 体块画法

体块训练是一种非常重要也十分有效的训练，它能够使人们有效地提高立体形象思维能力，建立起初级的立体形象思维意识（图3-8）。生活之中的物体虽然千姿百态，但总的来说都是由立方体、圆球体、圆柱体和锥体等几何形体组成的，如沙发、床、桌柜、茶几等，都是由立方体演变而来的（图3-9）。这些练习难度虽然不大，但是人们必须首先做到将命题解析清楚，通过形象化思考，在头脑里想象出所要完成的立体造型的基本形象，最后再动笔完成。其中对体块间对应关系的分析和思考过程是重中之重。在练习中应能够对所想象出来的立体形态进行保存和延续，这种控制能力是一种惯性思考能力，也是立体形象思维中不可缺少的。

图3-9 生活之中的物体都是由立方体演变而来的

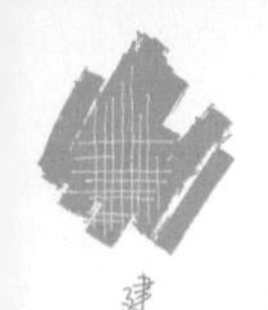

3.1.4 速写及作品临摹练习

在充分了解和掌握简单几何形体表现方法和表现技法后，就可以进行大量应用性的速写练习。在画速写之前首先要清楚物体的结构，如果不清楚所画之物的结构，就会造成画面效果不生动。所以，掌握好结构是练习表现图的前提。在速写时如何认识物体，如何体会其结构和线型的生命力是练习时所要考虑的重要内容。

图3-10 柔性的曲线衬托出空间关系的和谐（签字笔 逯海勇）

通常练习速写可从临摹开始。临摹是人们进行手绘表现图的基础练习，训练时不能只是简单地去描摹，而是要带着思考、分析、研究的态度去临摹。通过对名师作品的临摹，学会如何运用线条的长短、粗细、轻重、笔势的缓急来表现空间形体的关系，同时还要正确地运用透视原理来处理画面中不明确的形体，学习名家们对于不同空间类型的不同处理手法，以及所表现出来的不同氛围的空间（图3-10~图3-15）。

图3-11 运用线的组织勾画的空间透视效果（签字笔+马克笔 崔笑声）

图3-12　运用软铅笔结合其他媒介勾画的空间透视效果（铅笔+彩色铅笔　崔笑声）

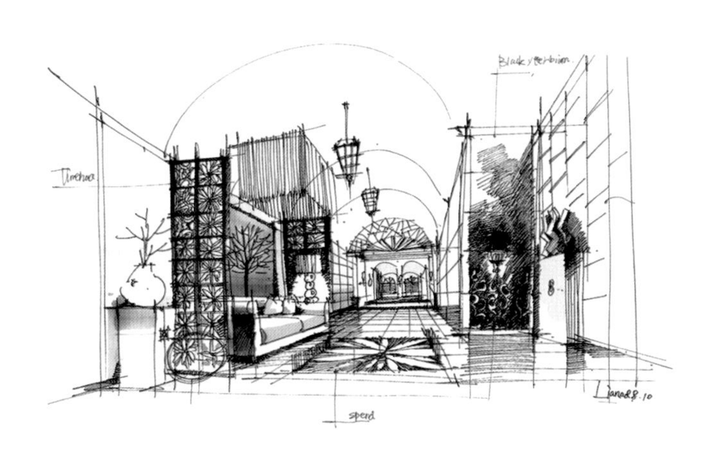

图3-13　运用快直线画法勾画的空间透视效果（签字笔+马克笔　连柏慧）

图3-14　运用快直线画法勾画的某酒店大堂透视效果（签字笔　逯海勇）

图3-15　运用明暗画法绘制的某住宅起居室透视效果.（签字笔　逯海勇）

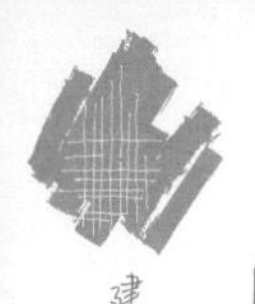

3.2 对画面构图的定位

构图也称“经营位置”或“布局”，简单来讲就是如何组织好画面，是设计师依据方案对画面的内容进行安排，对画面布局、场景气氛、空间效果等众多关系以及表现形式的总体构思，是设计表现图的重要构成要素。合理的构图对于表现主题、加强形象感染力及艺术效果，具有积极的作用。

构图可以从两个方面来认识：其一是画面中的近景、中景和远景以及主景、配景之间的位置关系；其二是画面上下左右之间的物体的位置关系。在这两种构图中、前者重视物体在画面中客观的自然空间感，后者则注重画面的趣味与形式、效果。另外，空间之间的形态大小、光影、黑白灰关系以及不同材质与肌理都会对画面构图造成一定影响。

3.2.1 以视点位置决定构图

视点构图就是在表现图中利用视点、透视角度进行构图的方式。视点构图常用的方法有：利用视距变化来表现室内空间的纵深效果；利用视高的变化来表现室内效果；利用视角的变化来表现室内效果。

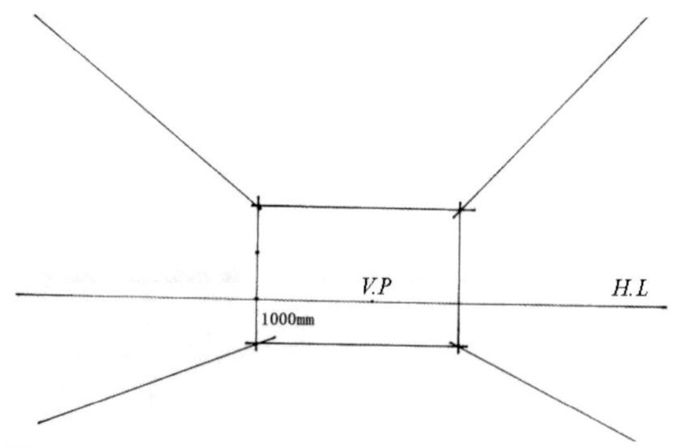

图3-16 视平线高度为1000mm的空间示意图

一般来讲，视平线高度以1000mm为好，适合表现居住空间，使空间更高、更宽阔（图3-16、图3-17）：视点太低会显得空间过高，容易让人产生错觉，视点过高则见到的物体面会太多，表现的物体也变得更为复杂。选择低视点构图，目的是突出室内吊顶和墙面的造型，弱化家具和地面的表现。视平线高度为800mm或更低，适合表现公共空间，空间显得更为宽阔、大气（图3-18、图3-19）。

图3-17 某住宅起居室表现（签字笔+彩铅+马克笔 逯海涌）

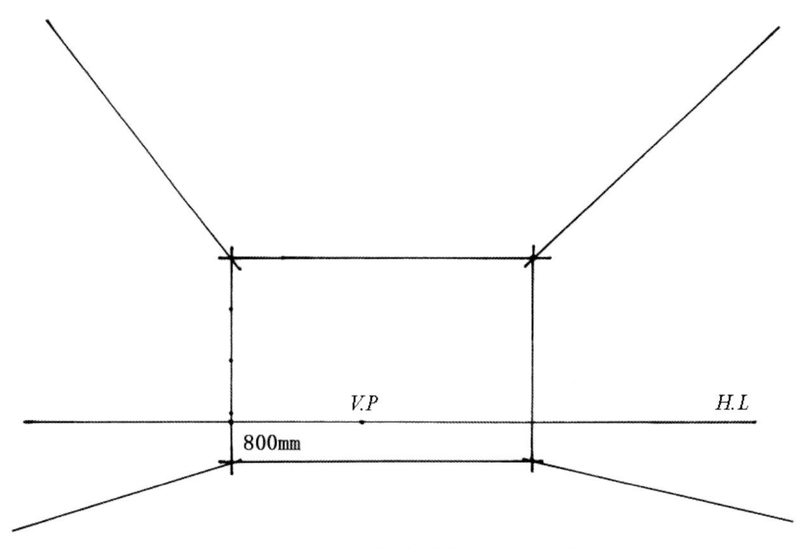

图3-18　视平线高度为800mm的空间示意图

图3-19　某酒店大堂空间表现（签字笔+马克笔+彩铅　逯海勇）

选择合适的视点和透视角度，目的是为了有重点地表现主体。在手绘表现时，可借鉴绘画构图中的“图底”关系，即中国画中所谓“经营位置”的理念，运用到表现图中；依据设计师自己的审美感觉，确定画面、大小、位置、比例，解决画面构图的问题。若把握不足，也可以在纸上多练习一些小的构图与表现，既可以在实践中摸索出自己的一套构图经验，同时也能加强对设计及其空间结构的理解（图3-20、图3-21）。

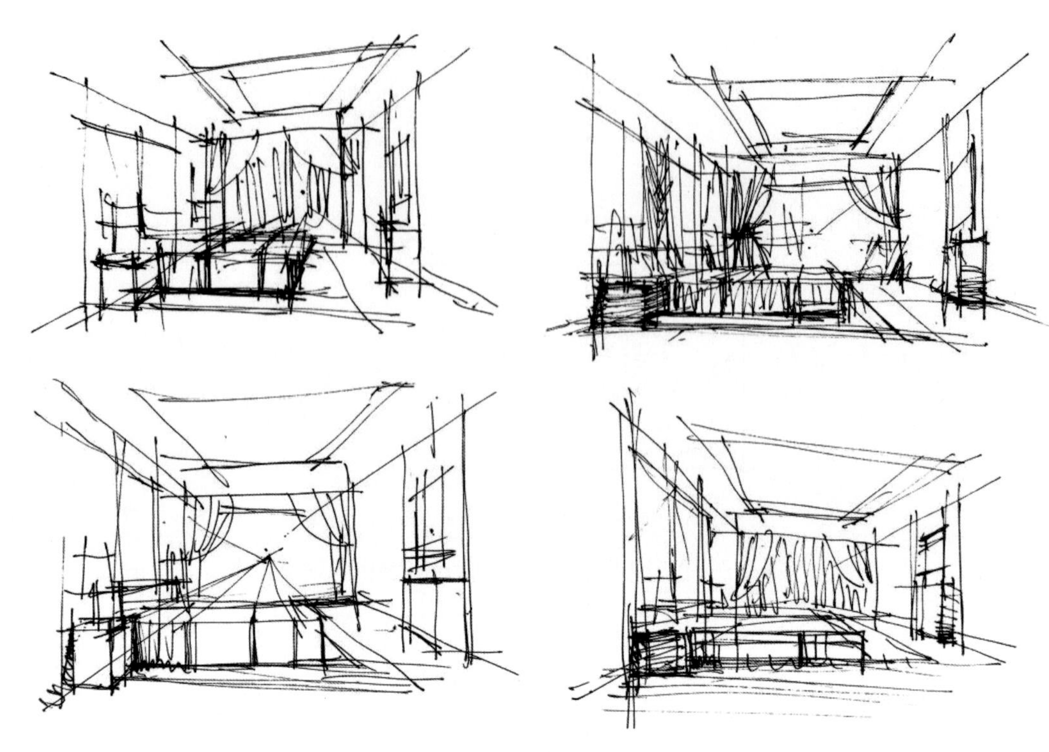

图3-20　通过小构图草稿的方式选择合适的视点和透视角度

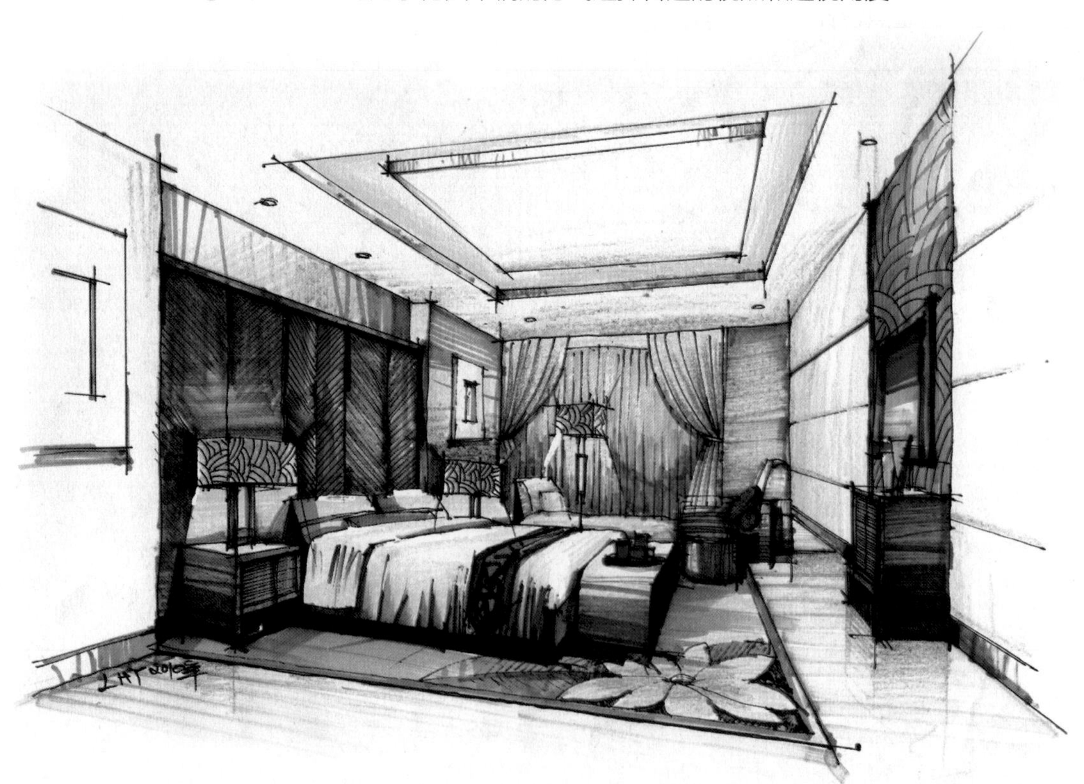

图3-21　合适的视点和透视角度，使画面的主体得到了充分的表现

（马克笔+彩铅　逯海勇）

3.2.2 以主体的大小决定构图

主体是画面表现的重点。每一幅设计作品，都有其主体或是个性化空间。那么如何更明确地表达这一设计意图呢？我们可以在表现时通过视觉中心、色彩、虚实、明暗、疏密等手法对主体空间进行强调、突出，削弱次要空间的表现，使画面更具吸引力，让客户一看就知道这幅设计作品想表现的是什么。

图3-22 将重点部位占据画面中心，以便显示出其重要地位

（马克笔+彩铅 贠腾）

表现图的构图首先要表现空间的重点设计内容，使其在画面的位置恰到好处。这一点和照相机不同，需要精心策划、提炼，予以取舍，突出重点。如果主次搭配得当，则会浑然一体，相得益彰，既易取得统一集中的效果，又易做到事半功倍。突出重点的方法如下。

（1）重点部位一般占据画面中心，以便显示出其重要地位（图3-22）。

（2）画面的聚集线和透视焦点一般作为画面的重点（图3-23）。

（3）把画面重点部位的明暗对比进行加强（图3-24）。

（4）重点部位细致刻画，突出光影和材质，远离重点的部位则放松和省略（图3-25）。

（5）重点部位运用纯度和亮度较高的对比色，而非重点部位运用调和色进行简化。

（6）用对比的配景突出主体物。

在具体的表达中要注意以下几个关系：主体物同附属物之间的位置关系；主体物同背景之间的位置关系；主体物同地面之间的面积关系。设计过程中可根据室内空间的性质，将室内各组成元素以面积的比例等进行有机组合，以防止出现主要物体的堆砌和附属物体零乱的现象。从这个层面上讲，这是绘画技巧中主要、次要关系在构图表现中的运用，也只有主次分明，才能相得益彰，最终达到最佳表现效果。

图3-23 将画面的聚集线和透视焦点作为画面的重点（马克笔+彩铅 逯海勇）

图3-24 将画面重点部位的明暗对比进行加强，其余部分则放松和省略（马克笔 么冰儒）

图3-25　将重点部位细致刻画，突出光影和材质（马克笔+彩铅　周波）

3.2.3　以画面的远、中、近景决定构图

在一些复杂的手绘表现图中，画面的远、中、近景处理是否得当直接影响画面的构图与画面的层次。处理不好这种层次变化，画面易出现平淡、拥挤、失调等问题。

富有层次的画面一般由近景、中景和远景组成。近景一般由配景组成，其地位是从属性的，不能喧宾夺主，所以常常采用留白手法处理，形成一个画框，让主体物后退到一个空间的深度；中景往往表现画面的主体物，也是重点所在，作画时应该重点描绘，加强明暗、细节、材质、色彩和体积感的处理；远景会给人一种舒展感，在表现上色调要灰一些。处理好画面的远、中、近景的虚实关系，可以使画面既丰富又有层次感（图3-26、图3-27）。

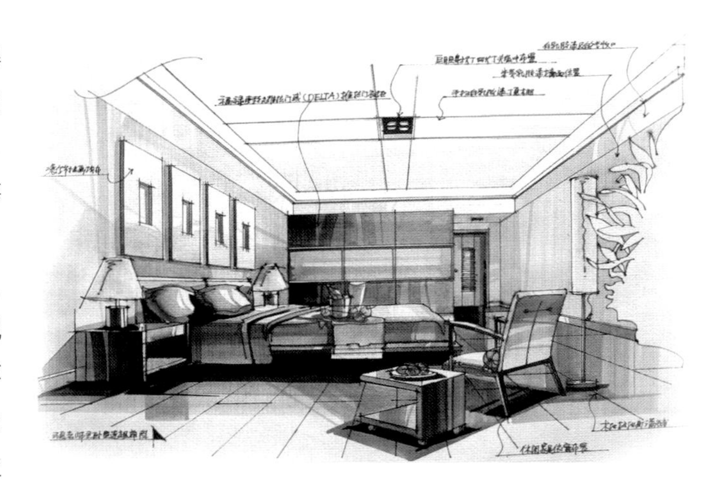

图3-26　近景的植物属于从属地位，不能喧宾夺主，一般采用留白手法表现（水彩　李文华）

图3-27 画面中间的办公桌是表现的主体物，也是重点所在，作画时应该重点描绘，加强明暗、细节、材质、色彩和体积感的处理（水彩 李文华）

3.2.4 以形式感与形式美决定构图

在手绘表现图中，审美主体源于对对象的色、声、线、体态、质料以及它们的组合规律，即对称、均衡、节奏、韵律、秩序、和谐等形式美原则的审美感受。同时还包含“变化与统一”、“对比与调和”、“对称与均衡”、“比例与尺度”、“节奏与韵律”等形式法则的运用。

设计的形式表现取决于设计主体与内涵，或严谨工整，或粗放自由，或单纯明了，或细腻精巧，或色调统一，或结构清晰，或光影强烈。巧妙运用形式内涵，可以使画面构图达到独特以及出其不意的表达效果（图3-28~图3-30）。

图3-28 按照透视的方向运用笔触是巧妙运用形式内涵的一种方法（马克笔 逯海勇）

图3-29　按照设计主体运用计算机处理手法绘制的表现图（手绘+计算机　佚名）

图3-30　巧妙运用形式内涵，使画面构图达到了独特的表达效果（手绘+计算机　佚名）

设计表现图的真实性不应局限于孤立地去描述空间的结构和细节，而应该以恰当的艺术形式去表现那些情节和它们所构成的审美特征，形成个性鲜明的艺术表现风格，这样才能更完美地诠释设计的内涵和特点，使设计的艺术性在表达中得以延续。

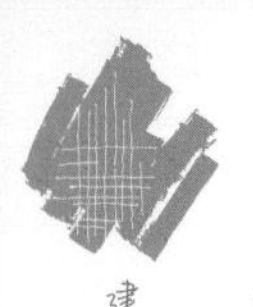

3.2.5 画面正负形的控制

在手绘表现图中，如果将着色部分的图形看成为正形，那么留白部分则成为图形关系中的负形。正形和负形的处理构成了完整的画面，所以不可只注重正形而忽略负形。负形同样需要精心安排，要尽可能地留出合适的形态使画面的构图获得平衡的美感。如果二者处理得当既省略了笔墨，使构图变得紧凑，又能极大地丰富视觉感受，使画面表现充满趣味、生动简洁、通透活跃，更加耐人寻味，更富有整体感(图3-31 ~图3-33)。

作图时需严格控制图形边缘的笔触，保持画面边缘留白部分形态的整体感和美观性，尽量避免由于用笔的随意性而造成的画面图底关系的琐碎感和松散性，使画面的正负图形结构保持平衡感和协调性。

图3-31 某酒店雅间表现（马克笔+彩笔 逯海涌）

图3-32 正负图形的转换，灰色为图，白色为底，图形完整而富有变化

3.3 对空间结构形体的理解与把握

如果说构图是对画面进行整体统筹、匠心布局的话，那么空间结构则是使画面清晰的“骨骼”。由于室内设计是技术性很强的学科，除了要具备很好的创造能力以外，还要对空间结构、材料、使用功能、结构施工、材料设备、造价等专业知识进行掌握，作为设计艺术的手绘表现也同样需要这些知识的学习与运用。只有这样，下笔表现时，才能具备足够的信心，知道该表达什么，怎样运用手绘这门独特的设计艺术语言与他人进行交流。

图3-33 正负图形的转换，白色为图，灰色为底，图形也显得较为完整

每个物体都有自身的结构，每个空间有不同的形体组合。手绘表现图正是反映空间内不同的形体的组合，形体表现的好坏，成为衡量一幅表现图的标准之一。如果想要较为写实地表现一个物体，那么了解此物体的结构就是画好一幅表现图的前提。每一个部位是怎样穿插的，谁在前，谁在后，当物体旋转一个角度之后又会出现怎样的形态，这些都应做到心知肚明，刻画时方能取舍得当，举一反三。

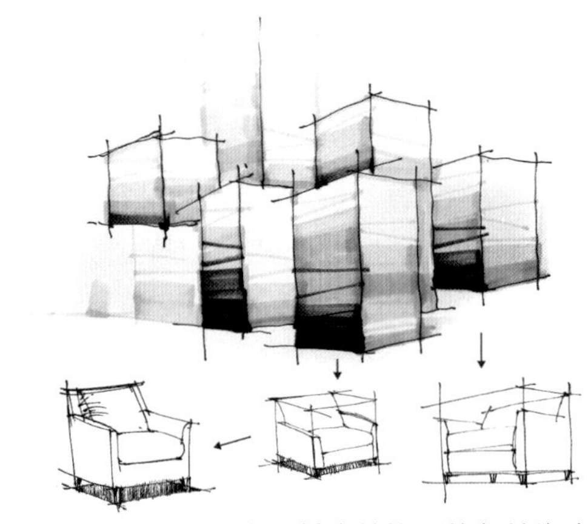

图3-34　可以将空间基本结构形体归纳为盒子概念

物体的形态基本上有两种形式：即无序的自然形态和规整的几何形体。理解这些物体的结构，应把它们还原为基本的几何要素。这样我们可以从中寻找它们的规律和特点，以不变应万变。如可以将空间基本结构形体归纳为盒子概念，然后再一步一步地进行切割，在切割的基础上重新整合成新的结构形体，进一步加深对形体结构的理解和提高空间想象能力（图3-34）。

在做这个练习时，要假定一个视点和视平线。画出大的结构线，用粗细、浓淡分出前后关系，使新的形体轮廓清晰（图3-35）。

作为空间结构形体初始阶段的手绘表现图，训练内容虽然看似简单，却包含了从认识到理解，直至表现的全部原则与概念，是以后进一步学习的基础，所以一定要认真对待，严格要求。在进入具体训练前，首先要明确并树立手绘表现图的两个最基本观念。

（1）立体的观念　自然界里的一切物体，不论是天然的还是人造的，都是处于三维状态的，即有高度、宽度和深度，是立体的，占据一定空间。而我们的画面是平面的、二维的，只有宽度和高度。在平面上要表现出物体的深度，这是手绘表现图首先面对的问题。我们只有牢牢地树立起立体和空间的观念，才会有意识地努力寻求解决这个矛盾的办法，这是至关重要的。

图3-35　清晰的形体轮廓，使空间基本结构更加明确（马克笔+彩铅　逯海勇）

（2）整体的观念　物体的形态存在内在的整体关系。从单个物体看，它有着属于它特有的结构关系和各部分的比例关系，如沙发由多个面构成，不同形状的床、桌子、椅子等都由不同的几何形体构成，各部分都有一定的比例，它们形成每个特定物体的整体形象。另外，物体在空间占据一定的位置，与其他物体有上下、左右、前后关系，有大小比例关系。在某个特定视点、视角看一个或一组物体，有特定的透视变化。总之，每个客观对象都是一个完整、不可分割的整体。手绘表现图不是要如实表现每个局部，而是要认识和表现对象的全部有机联系着的关系。这就是对空间结构形体整体表现的方法。

在手绘表现时，要求对空间形体的内在结构深入研究、分析，进而加以综合、提炼、概括，以线条作为主要表现手段。整个过程是对视觉的准确性、对形式的敏感性以及对形体结构的深入理解和洞察力的训练（图3-36）。

图3-36　提炼、概括的笔触使画面非常整体，说明设计师对视觉的准确性、对形式的敏感性以及对形体结构的深入理解和洞察力有着深入研究和分析（马克笔+彩铅　韦自立）

3.4 对画面的明暗处理

由于物体的形状、质地等物体材质不同，在光的照射下呈现出不同的颜色和明暗关系（图3-37）。作为手绘表现图来说，颜色表现为不同的明暗色阶，人们借着不同的明暗变化关系感觉到物体的体积和空间，并由此感觉到物体的不同品质，如坚硬和柔软、尖锐与厚重、光滑与粗糙、沉重与轻飘等；更进一步由于明暗的不同变化造成不同的氛围、意境，如强烈、平缓、和平、扩张、深沉等，对人的情感产生直接的影响。

可以说在手绘表现图里，线条是经过理性概括提炼的，抽象成分较多；而光影、明暗则是直接通过视觉形成一个逼真的感觉来打动观者的。所以明暗与线条都是构成视觉表现形式的重要因素，有着同样重要又不能互相替代的表现力（图3-38）。

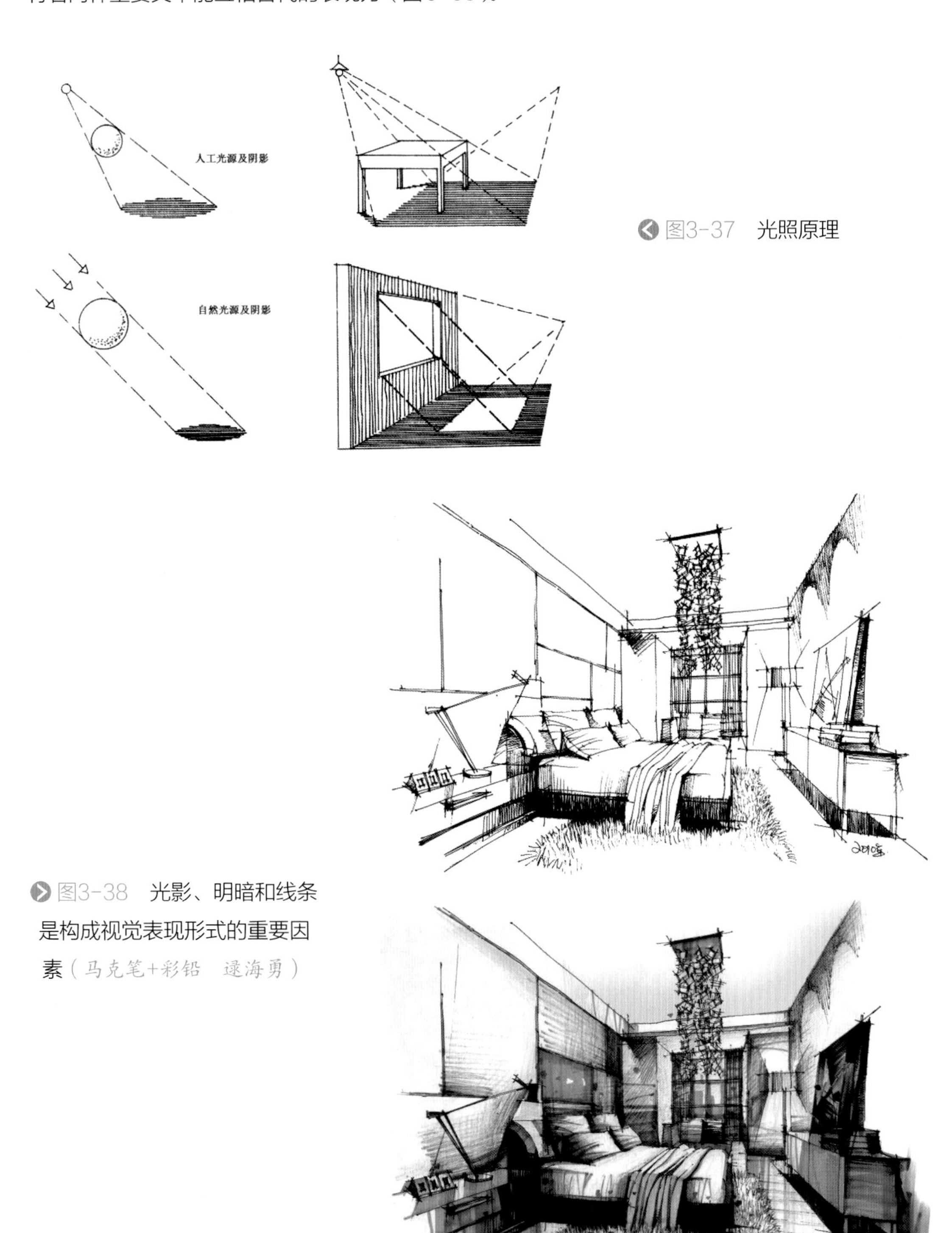

图3-37　光照原理

图3-38　光影、明暗和线条是构成视觉表现形式的重要因素（马克笔+彩铅　逯海勇）

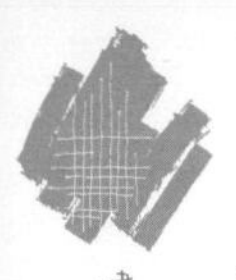

对画面明暗处理的目的是真实地表现出物体的立体感、空间感、质感、量感、色感。这些因素都和光源关系密不可分。要知道光从哪里来，又到哪里去，对物体的影响怎样，对周围的环境影响怎样，这些是刻画物体的重要因素。如果单独地只是表现物体的轮廓，而无光的存在，那么形体只是扁平，不生动的。

对画面明暗处理的关键是抓住明暗交界线。它把物体分成受光与背光两大部分。它的位置往往在对象物体的主要转折处，其形状与性质体现了整个物体表面的结构特征和体积起伏。所以一幅手绘表现图，明暗交界线的描绘是至关重要的。

光线对物体的影响是非常复杂的，要正确表现它需要相当的技巧。为了简化这种技巧，在手绘表现图时，往往对光线做出一些标准化的限制，使之规律简化，以便能快速掌握。如将光源射出的光作为平行光束且角度定在左或右的上方45° ，同时选择最能体现物体立体感的光照位置，对变化的规律做概括化、程式化处理。

3.5 对色彩的理解与感悟

对于形体结构和光影质感来说，色彩的变化规律显得更为复杂和难以驾驭。但在手绘表现图中，色彩并不是无规律可循的。

要想正确地表现色彩，合理设色，需要注意以下几点。

首先注意表达整体效果，考虑整体画面的协调，要注意把物体固有色、光源色和环境色统一在一个整体中，通过比较，确立整体的色彩关系，这包括整个画面以及各局部的明暗、冷暖、面积、色相、彩度等，以及一系列色彩因素的经营和安排。

其次要注意室内空间的色彩关系，确定好画面色彩的主色调，色彩的主色调在画面气氛中起主导和润色、陪衬、烘托的作用。色彩的主色调在室内环境中十分重要，它决定室内环境的性格与气氛，不同的色调给人的感觉与联想是不同的：清淡柔和的暖色调给人温暖的感受；冷色调给人清幽凉爽的感觉；深色调给人端庄成熟的感觉。视觉中心包含画面的主题，理想的图纸表现都会传递这一信息。利用色彩在视觉上可以描绘设计中有选择的部位，突出地表现重要部分而周围环境只加少

图3-39　暖色调在画面气氛中起主导和润色、陪衬、烘托的作用（马克笔+彩铅　逯海勇）

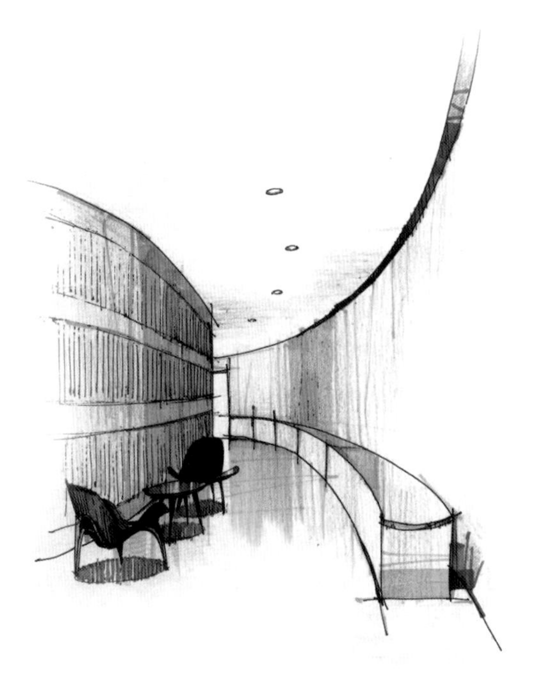

图3-40　清淡柔和的暖色调给人温暖的感受
（马克笔+彩铅　逯海勇）

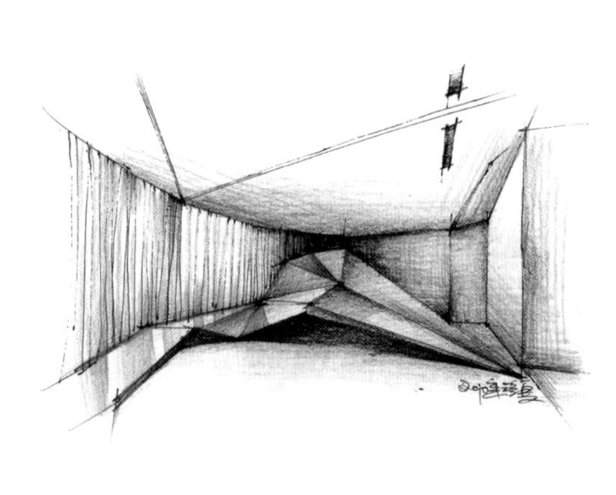

图3-41　冷色调给人清幽凉爽的感觉
（马克笔+彩铅　逯海勇）

许色彩，这是一种设计表达的技巧（图3-39~图3-41）。

再次要注意处理好统一与变化的关系。有统一而无变化，达不到美的效果，因此，要求在统一的基础上求变化，这样，容易取得良好的效果。在色彩关系方面，并非一味强调色彩的微妙变化，而是要考虑为形体、空间、氛围服务。有时画面上色忌“满”，要敢于留白，用色用笔要概括，笔触服务于形体，切忌杂而乱。因此，在手绘表现图中一般不强调真实地 表现设计色彩，而是以意象化的色彩，简练概括的方法体现色彩关系（图3-42）。

色彩赋予空间灵气与活力，赋予设计精神和情感，赋予表现生命。大家应注重色彩的基础知识学习、色彩的心理感受、色彩的各种技巧及笔法运用。

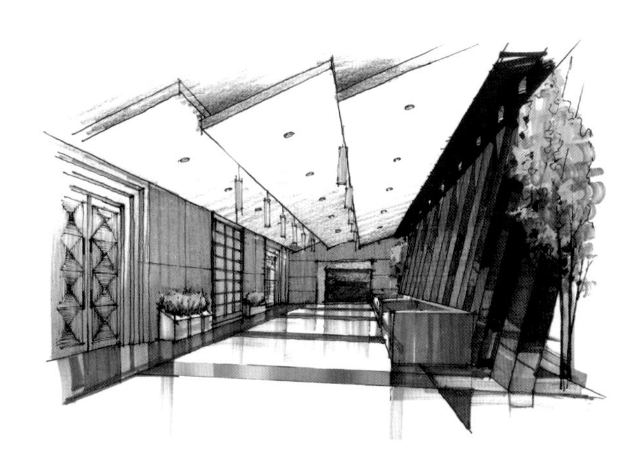

图3-42　画面通过适当留白使空间既统一而又变化，达到了表现的目的
（马克笔+彩铅　逯海勇）

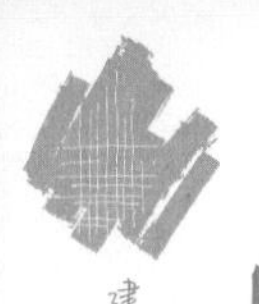

3.6 对材料的认知与设计能力的培养

在绘制表现图前，了解一些材料的特性和设计理论是非常必要的。因为表现图的空间界面离不开材料的衬托，更离不开设计表达。材料与设计在方案表现进行时往往是同时进行的。良好的材料表现能体现设计师的思想和空间特质。然而这方面的学习往往被一些读者忽视，装饰材料课程不认真听讲，调研参观时不认真观摩、记录。其实对建筑装饰材料的认知是每一个从事表现图绘制者必须具备的基本知识，因为表现图所展示的设计对象是通过具体的媒介来实现的，而建筑装饰材料就是通过室内界面设计而实现本身价值的。因此，了解与掌握建筑装饰材料的基本知识，如名称、规格、性能、色彩、纹理以及视觉特点等，对准确表现画面的材料质感以及真实性效果具有切实的作用。

现代装饰材料的品种很多。在室外装修上运用较多的有砖、石、水泥、玻璃、面砖及各种屋面瓦；在室内装修上运用较多的有木材、大理石、瓷砖、铝塑板、木地板、石膏板等。设计师在制作手绘表现图时，如灯具、家具、窗帘等陈设还将涉及更多的材料质感表现问题。这就要求我们在日常生活中随时注意观察各种物品的质感特点，及时总结并用笔记录下来，整理到速写本上，这样可以快速提高材料质感的表现能力。

在设计能力培养方面，作为从事表现图绘制的设计师更应该关注。因为，我们无法想象一个根本没有设计知识的人能够很好地理解设计，并进行很好的表现图绘制工作。所以，正确掌握一定的基本设计知识就显得极为重要。

设计的基本知识包括设计理论知识与专业设计知识。设计理论知识可以使设计师了解与懂得一些有关设计的基本要求，如何把握设计作品的审美与规律，因而能够使所表现的作品符合现实设计的基本要求。通过掌握一些专业的设计知识，可以使设计师更深入地从技术层面理解与把握所表现的设计内涵，同时还能对该设计的潮流与风格有正确的认识与判断，由此可以使所表现的作品更具有实用价值。

思考与练习

1. 简述线条练习在设计表达中的作用？
2. 手绘表现图中的线条练习类型有哪些？
3. 速写能力如何培养？
4. 用美工笔、钢笔、签字笔和铅笔在A3纸上用线条表现4幅不同形式的作品。
5. 手绘表现图构图的原则有哪些？
6. 怎样理解与把握空间的结构形体？
7. 为什么说材料是构成设计空间组合的重要元素？作为设计师如何把握和理解？
8. 手绘表现图为什么要加强设计能力的培养？

第4章 建筑室内手绘表现图透视制图技法

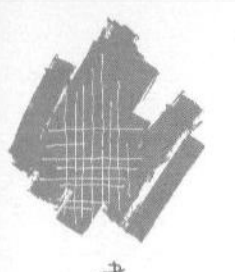

透视是构成手绘表现图画面的重要保障，画面中添加的所有内容都要以合理的透视框架为基础。我们学习透视的主要目的是为了给画面搭建符合正常视觉规律和效果的合理框架，从而快速控制画面，所以透视的实际意义在于灵活地运用。学习透视知识主要在于把握规律和原则，训练适应性。为了能够灵活自如地给画面搭建透视框架，还要从基本原理和计算方法入手，通过实际练习对透视规律充分理解，最终达到能够灵活处理的目的。

在本章中，为了便于大家学习和理解透视的原理，我们将其进行了归纳与简化，在此基础上提出了徒手绘制透视图的方法和建议。

4.1 透视基础

4.1.1 透视的基本原理与规律

透视是一种带有计算性质的描绘自然物体的空间关系的方法或技术。在透视求解中涉及很多特定的点、线、面，它们是透视原理的基本元素，相互关联并且有着各自不同的概念及作用。学习透视技法就是从认识、理解这些基本元素开始。对透视方法的掌握首先应建立在对透视基本原理的理解，还要具备一定的几何基本知识和空间想象能力，依照科学的作图方法绘制，不能任意夸张。

为了正确表现透视效果，我们应了解透视学中的一些基本概念及定义（图4-1）。

· 立点（*S.P*） 观看一个物体或一组物体时人站立的位置。

· 视点（*E.P*） 观者眼睛所在的点。

· 视高（*E.L*） 视点到站点的垂直距离，视高与视平线同高。

· 视平线（*H.L*） 观察物体时观者眼睛的高度线。

· 视中心 (*C.V*) 从视点延伸到中心视线，与视平线相交处的点。

· 灭点 (*V.P*) 视点通过物体的各点并延伸到视平线上的交汇点，又称消失点。

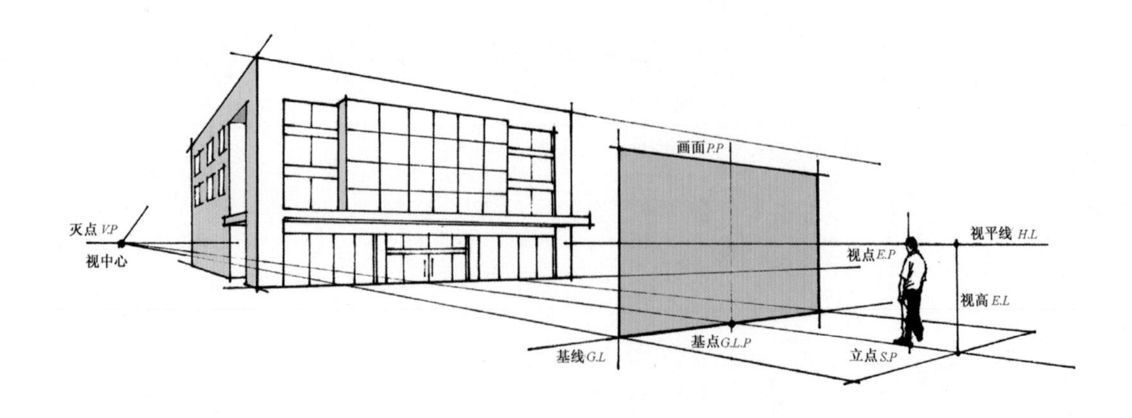

图4-1 透视的基本原理

· 画面(*P.P*)　视点与被视物体之间所设的垂直于基面的假设投影面。

· 基面(*G.P*)　也称地面，是物体位置的地平面。

· 基线(*G.L*)　基面与画面底边相接的边线。

· 基点(*G.L.P*)　过画面的视中心垂直于基面的直线与基线相交的点。

4.1.2　透视图的基础制图

在手绘表现图中，经常会遇到各种各样的几何图形，如圆形、矩形等，下面介绍几种这种图形的透视方法，这也是透视图中最基础的制图方法。

（1）圆形透视　圆形的透视图形为椭圆形。在画透视表现图的过程中，由于设计上的特殊处理，经常要画圆形物体的透视，如圆桌、拱门等，这里介绍一种科学简便的方法来作圆形的透视。在作圆形的透视中，通常用八点法求圆(图4-2)。

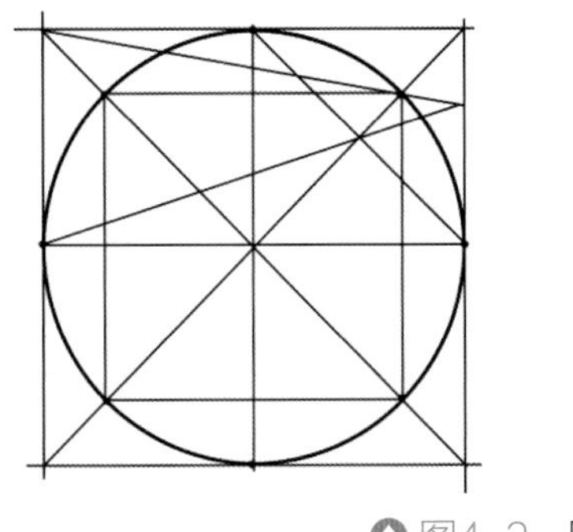
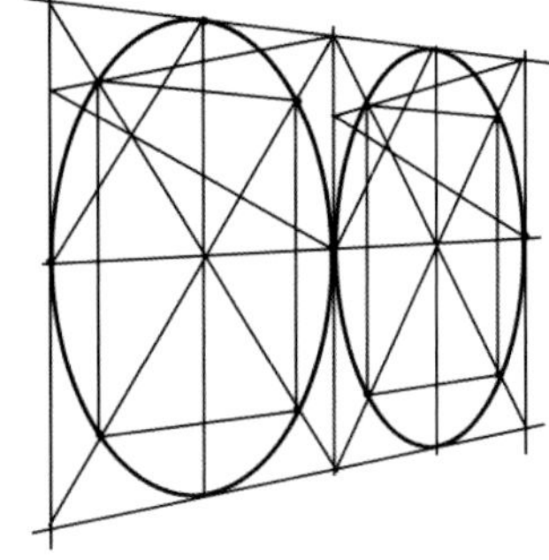

图4-2　圆形透视

（2）垂直线方向等分透视　透视图形*ABCD*，将*AB*边等分，将各等分点分别与灭点*V*·*P*相连，与灭点相连的透视线与对角线*AC*相交，通过交点作垂直线，即将*ABCD*透视图形等分(图4-3)。

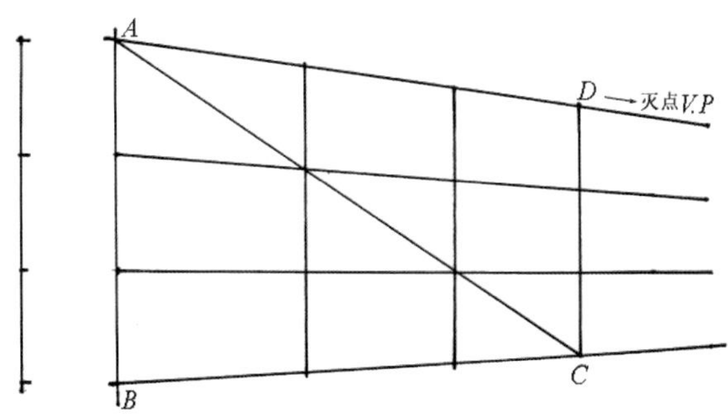

图4-3　垂直线方向等分透视

（3）利用对角线分割透视　透视图形*ABCD*，连接对角线*AC*、*BD*，交于点0且过O作垂直线EF，重复此方法，分别分割图形*ABFE*、*EFCD*(图4-4)。

（4）利用对角线延续透视　透视矩形*ABCD*，连接对角线*AC*、*BD*，交于*E*点，过*E*点作*AD*平行线，与*DC*交于*F*，连接*BF*并延长与*AD*延长线交于*G*，过*G*点作垂直线交*BC*延长线于*H*，*DCHG*即为*ABCD*的延续面，依此方法，完成系列化的连续透视面(图4-5)。

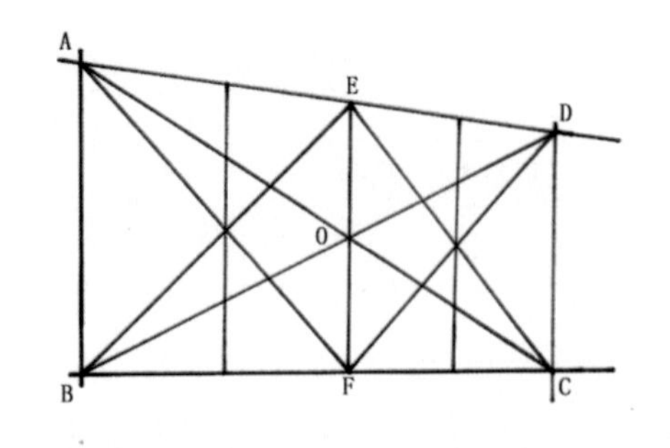

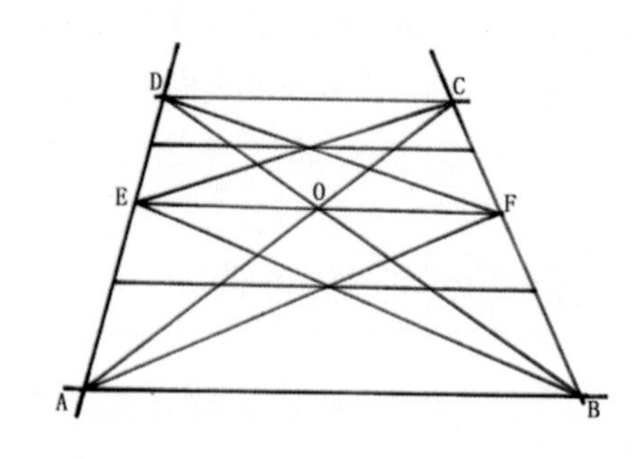

图4-4　对角线分割透视

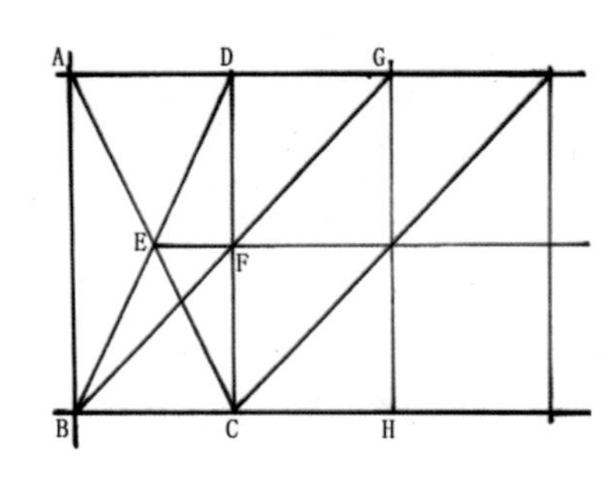

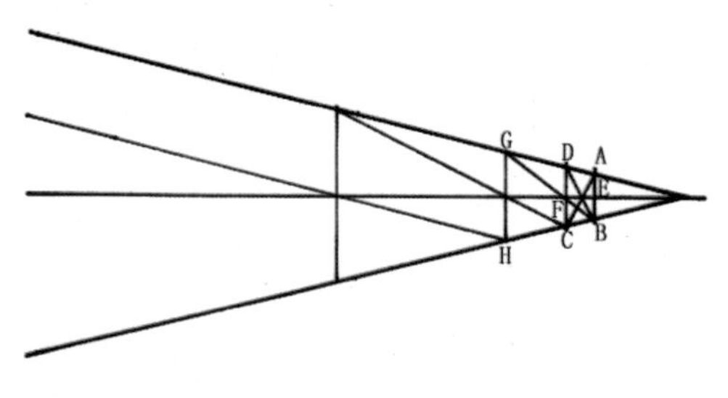

图4-5　对角线延续透视

4.2　透视的画法及其应用

对于初学者来说，学习透视的过程是枯燥繁琐的，大家往往会被这些复杂的透视原理弄得不知所措，其实只要理解“消失点”的原理，掌握一点透视和两点透视，同时在观察与练习的过程中把握透视的基本变化特征，对于室内设计的手绘表现就已经足够了。

在这里，本节只介绍一点透视、两点透视和一点斜透视的基本求法，如果要细致了解透视理论，请详细查询其他透视书籍。

4.2.1　一点透视画法

4.2.1.1　一点透视的原理及其规律

一点透视又称平行透视。空间物体的主要水平界面平行于画面，而其他面垂直于画面，只有一个消失点的透视即为平行透视(图4-6)。这种透视表现范围广，纵深感强，适合表现庄重、稳定、宁静的室内空间环境。但在一些较复杂的场景中，仅仅用平行透视的方法不足以完整地表达各种复杂的空间关系，这时就可能会用到除平行透视外的其他透视方法。

一点透视有以下几条规律。

(1) 垂直界面保持垂直状态不变。

(2) 水平界面在透视图中保持水平不变。

(3) 在平面图中与后墙面垂直的线条都消失在同一消失点上。

(4) 后墙面及地平线上的进深尺寸为整个透视的标准量，任何透视中的尺寸都是通过它而求出的。

(5) 由于顶面与地面相互对应，所以在求取其进深尺寸时，都是先在地面上求出相应的透视线，然后反倒墙面或顶棚上。

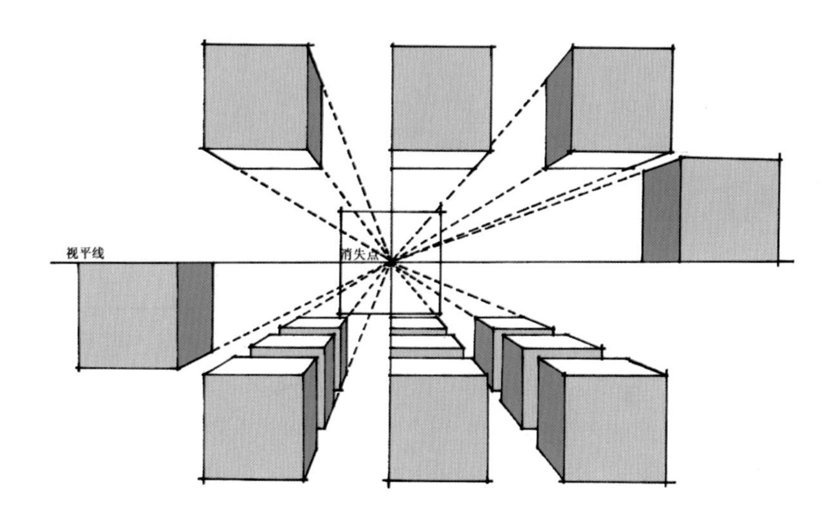

图4-6 一点透视原理

4.2.1.2 一点透视制图步骤

假设我们所求的空间为4000mm×5000mm的房间，其高度为2800mm。绘制步骤如下。

（1）确定构图及比例 确定后墙的大小，求出内墙的单位尺寸。根据构图确定*CD*线段的位置，代表所要表现的内墙，将*CD*线段分为4等份(每等份代表1m)。用此单位尺寸就可以确定高度，即*AC*的高度(图4-7)。

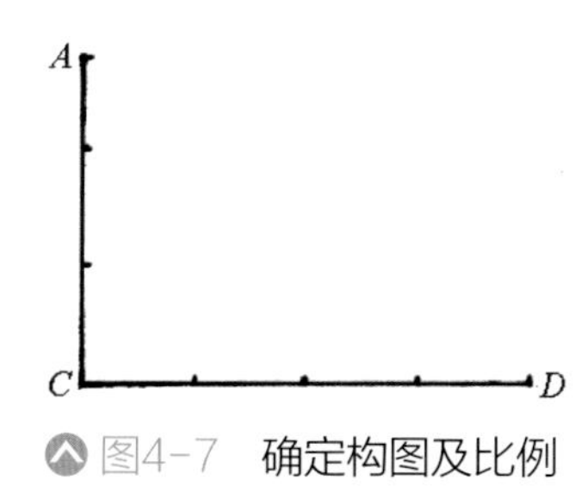

图4-7 确定构图及比例

（2）画出视平线 根据已求得的比例尺寸，把后墙的其余线条补充完整。然后，在内墙高度的1.2m左右的位置上画出一条水平线，即视平线*H.L*(图4-8)。

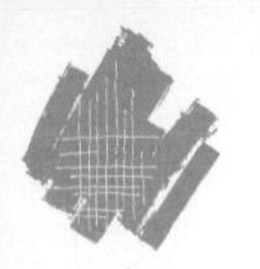

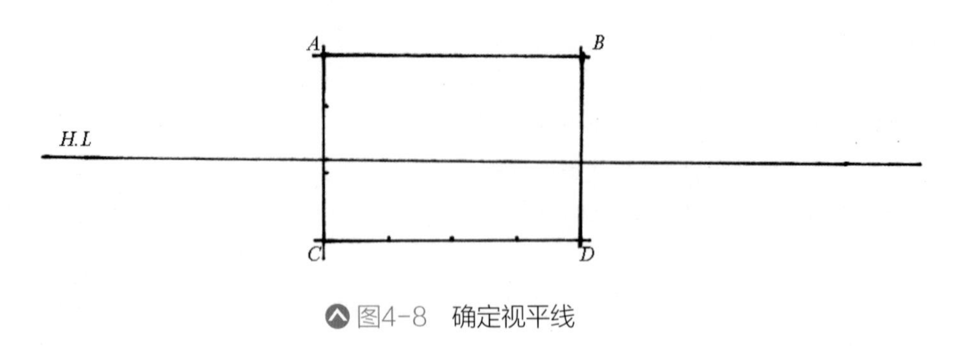

图4-8　确定视平线

（3）确定灭点的位置并连接地线　通常我们把灭点定在偏离中点的位置上，以使画面富有动势感。求出灭点*V.P*之后，分别与后墙面的四个交点进行连接(图4-9)。

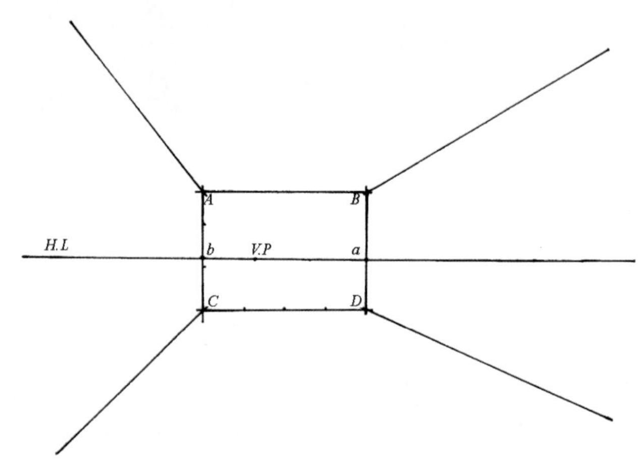

图4-9　确定灭点的位置并连接地线

（4）求取空间进深　延长地平线*CD*，然后在延长线上画出实际进深尺寸。确定尺寸后在视平线上定出测量点*M*。由*M*点向每个单位尺寸作连线，它的延长线与地线相交，然后以此点为基准作水平延长线，每条线相距的尺寸就是透视中1m的尺寸(图4-10)。

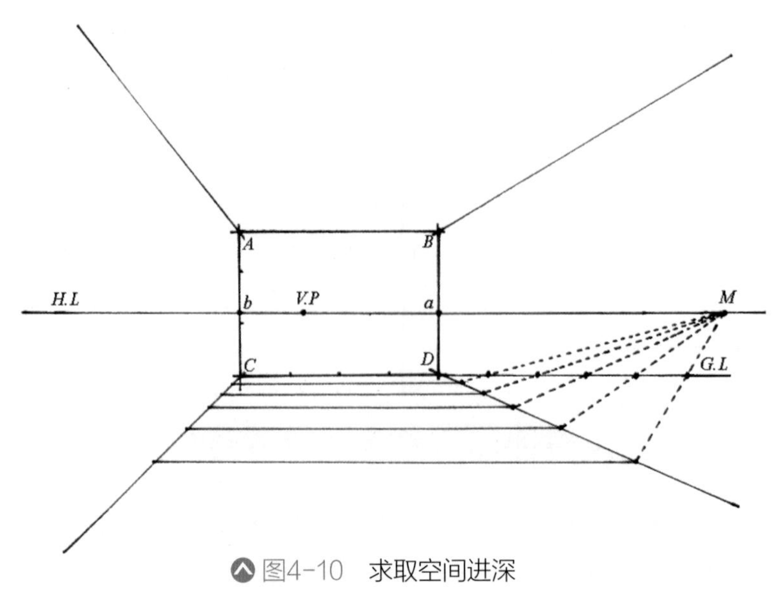

图4-10　求取空间进深

（5）求取透视中的进深　一点透视的墙面界线都消失于同一灭点上，所以在求地格中的宽度时，是以后墙的单位尺寸为标准量与灭点作连线。其他界面也都是以后墙的单位尺寸为标准量与灭点作连线(图4-11)。

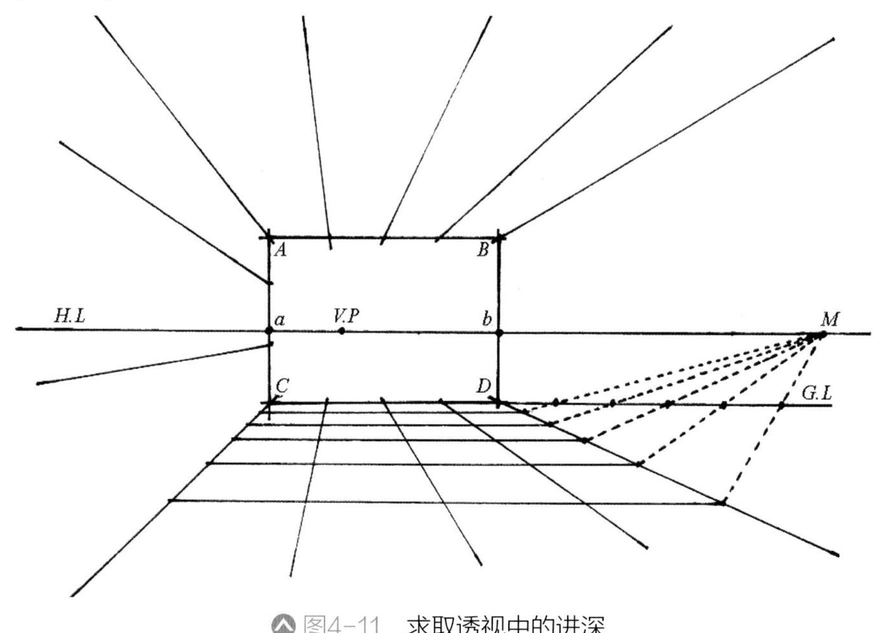

图4-11　求取透视中的进深

（6）求取墙面与顶棚的进深　在平面图中与后墙面相平行的界面在透视图中也保持平行不变，所以在求取墙面和顶棚的进深宽度时，只需通过地面进深透视与地面的相交点作垂直线就可求出墙面的进深宽度。同理，由墙面进深宽度与棚线的相交点作水平线就可求出相应的天格(图4-12)。

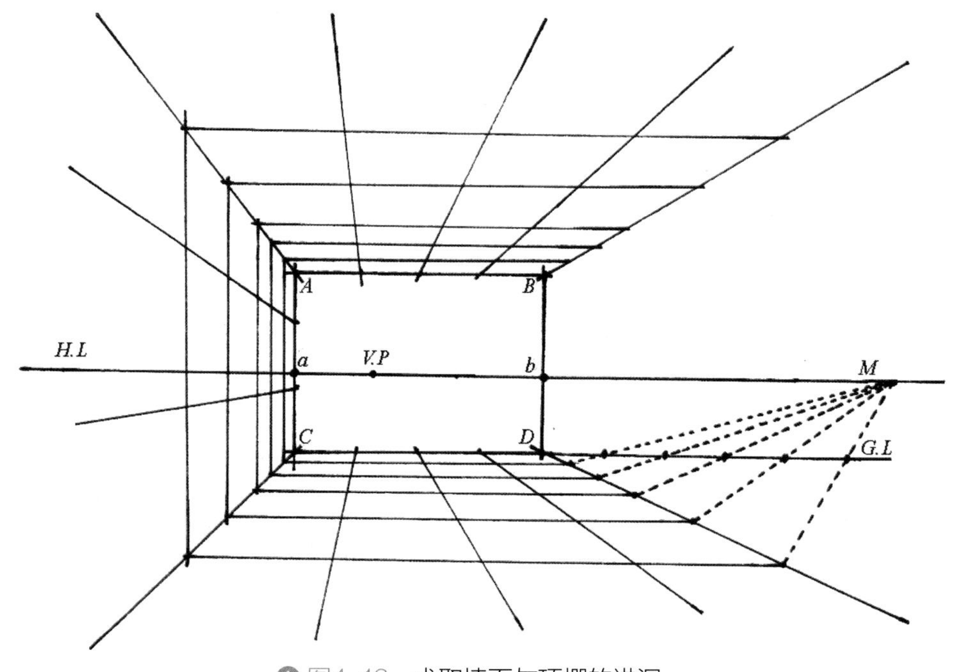

图4-12　求取墙面与顶棚的进深

4.2.1.3 一点透视应用实例

一点透视绘图是室内手绘表现图中重要的技巧，是一个循序渐进、逐渐深入的过程，在绘图过程中每个步骤都需要不断地选择、判断和思考。即开始阶段练习一些较简单的形体，如空间中的沙发、椅子、茶几、床体等，可以将这些形体归纳为盒子概念，然后再细致刻画。盒子概念是帮助初学者进一步理解透视的有效方法，在同一视点的画面中，利用不同大小、高低、远近及形状的盒子，通过绘制其结构的形式，观察和比较其透视变化。

等到单体结构及透视练习到一定程度后，逐步加大空间形体难度，这时就可以勾画一些较难的空间场景练习，在构图前根据设计要表现的内容，选择好角度与视高，若把握不足，可以用草稿纸勾画小构图做实验。不同视点的高低表现不同的空间特性与设计重点，设计师应灵活运用(图4-13~图4-16)。

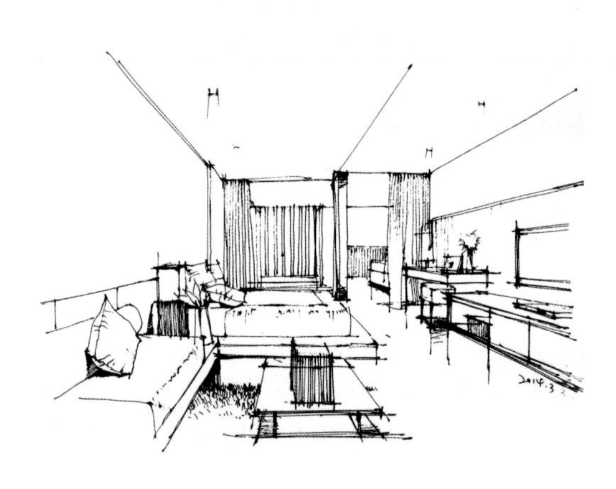

图4-13 一点透视在室内设计表现图中的应用（1）

图4-14 一点透视在室内设计表现图中的应用（2）

图4-15 一点透视在室内设计表现图中的应用（3）

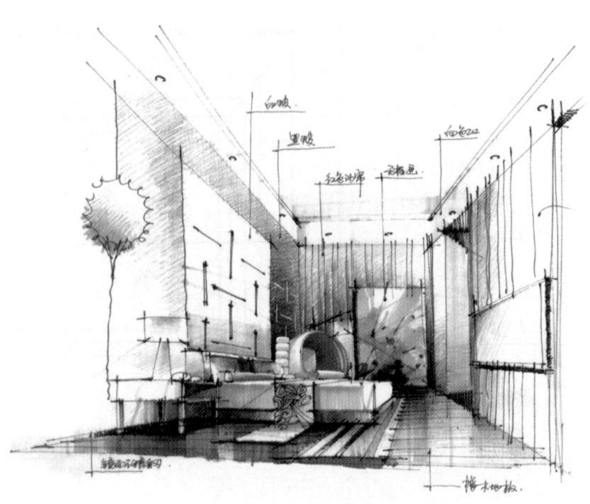

图4-16 一点透视在室内设计表现图中的应用（4）（连柏慧）

4.2.2 两点透视画法

4.2.2.1 两点透视的原理及其规律

两点透视也称成角透视，当绘图者的视线与所观察物体的纵深边不相垂直，形成一定角度时，各个面的各条平行线向两个方向消失在视平线上，产生出两个消失点(图4-17)。这种透视表现的立体感强，画面自由活泼，是一种非常实用的方法。缺点是消失点选择不准，容易产生透视变形。要克服这个问题就是将两个消失点设得离画面较远些，以便得到良好的透视效果。

两点透视具有以下规律。

(1)两点透视的垂直界面保持垂直状态。

(2)两点透视的透视线都消失于两个消失点，并且平行的线条有共同的消失点。

(3)墙角线与地平线上的刻度尺寸都是两点透视的标准量，即所有的透视尺寸都是由此得出的。

(4)测量点只是测量进深的辅助点并非消失点。

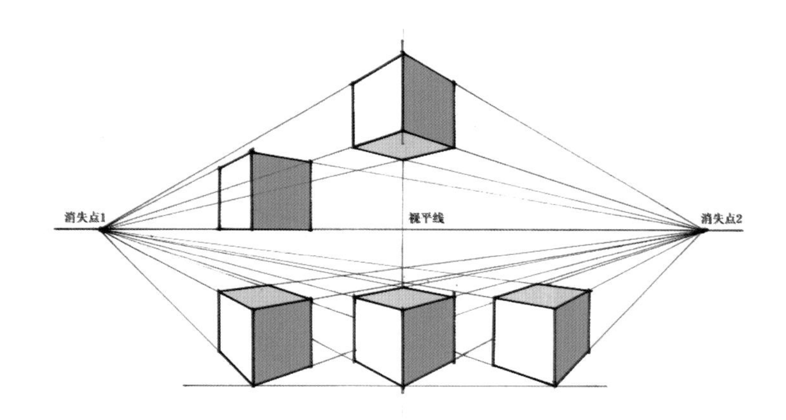

图4-17 两点透视的原理

4.2.2.2 两点透视制图步骤

假设我们所求的空间为5000mm×4000mm的房间，其高度为3000mm。绘制步骤如下。

(1)在图纸中心位置过O点画一条墙角线H(H线也称为真高线，其高度根据画面大小自由确定)，将H线分为三等份，每等份为1m，表示3m房高（图4-18）。

(2)定视高1.2m，过1.2m作视平线$H.L$（图4-19）。

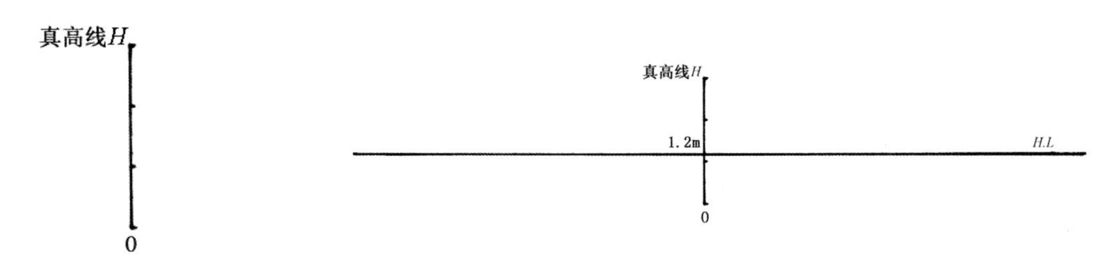

图4-18 确定真高线　　图4-19 确定视平线

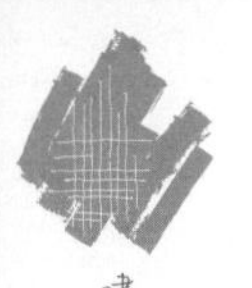

(3)过O点作线段$G.L$，在基线$G.L$上作刻度，分别表示宽4000mm、长5000mm(单位量必须与真高线相等)(图4-20)。

(4)在视平线上定两个测点$M1$和$M2$，位置分别比长、宽略向内收一点即可。然后再在视平线上定出两个灭点$V.P1$和$V.P2$，将它们分别定于墙角线H(真高线)两倍以上的距离(图4-21)。

(5)由两个灭点分别经墙角线H上下两端绘出地角线和顶角线，再由两个测点各自经$G.L$刻度线来分割地角线，得出长5000mm、宽4000mm的透视点。从A、B两点向上引出垂直线与顶角线相交，得到点C、D，这样就形成了两个墙面(图4-22)。

(6)由两个灭点分别经地角线的透视点引出线形成地面网格。同理，也可求出顶角线的透视点，画出顶面网格(图4-23)。

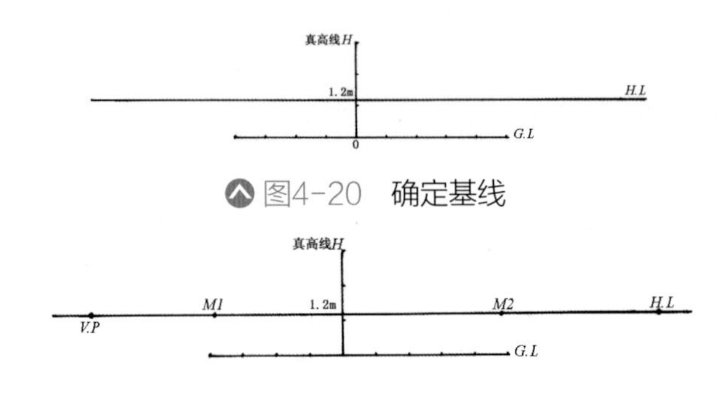

图4-20　确定基线

图4-21　确定测点和灭点

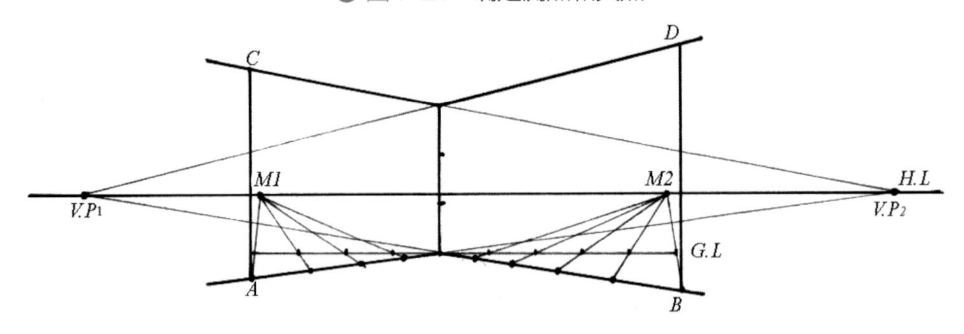

图4-22　根据地角线和顶角线求出两个墙面

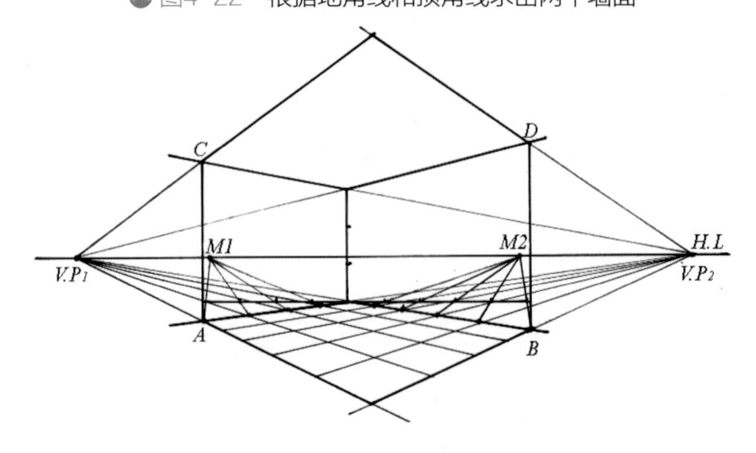

图4-23　求出地面网格和顶面网格

(7) 从地角线的透视点逐点向上引出垂直线与顶角线相交，再由两个灭点分别经墙角线H上的刻度点画出墙面网格,完成两点透视（图4-24）。

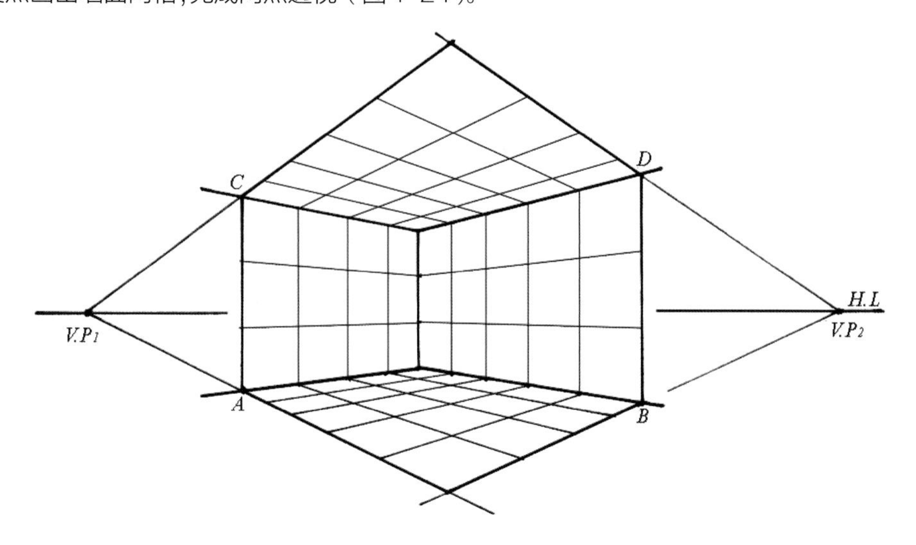

图4-24 求出墙面网格

4.2.2.3 两点透视应用实例

两点透视较难把握，必须多加练习方能运用自如。以下是一些两点透视表现案例，供大家临摹参考（图4-25~图4-29）。

图4-25 两点透视在室内表现图中的应用（1）

图4-26　两点透视在室内表现图中的应用（2）（赵国斌）

图4-27　两点透视在室内表现图中的应用（3）（陈红卫）

图4-28　两点透视在室内表现图中的应用（4）（逯海勇）

图4-29　两点透视在室内表现图中的应用（5）（逯海勇）

4.2.3 一点斜透视画法

4.2.3.1 一点斜透视的原理及其规律

一点斜透视或称小角度的两点透视。它的主要特征是具有两个灭点，一个灭点在画面内，另外一个灭点在画面以外。一点斜透视是介于一点平行透视和两点成角透视之间的一种透视，它是克服一点透视的呆板，同时又是避免两点透视表现场景不全的一种常用制图方法。

一点斜透视有以下规律。

(1)一点斜透视有两个消失点。

(2)一点斜透视两个灭点不能离得太近，否则就会产生透视变形。

4.2.3.2 一点斜透视制图步骤

(1)按照实际尺寸比例，画出比例框。过1.2m作视平线*H.L*（图4-30）。

(2)确定消失点$V.P_1$，连接四个顶点，求出透视框（图4-31）。

(3)向左延长地平线，标出等分点-1、-2、-3、-4。在-4的正上方视平线上偏左一点确定出测量点*M*（图4-32）。

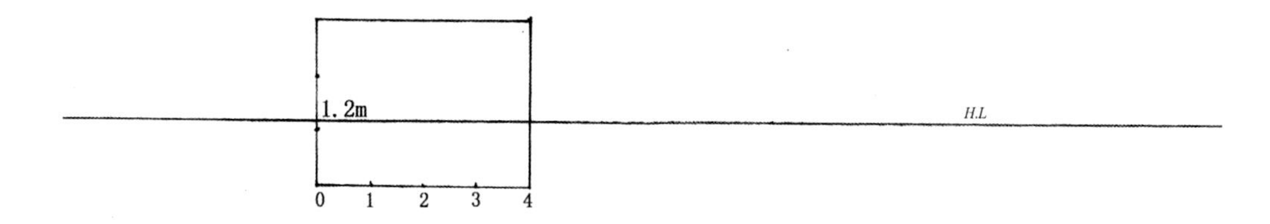

图4-30 画出比例框与视平线

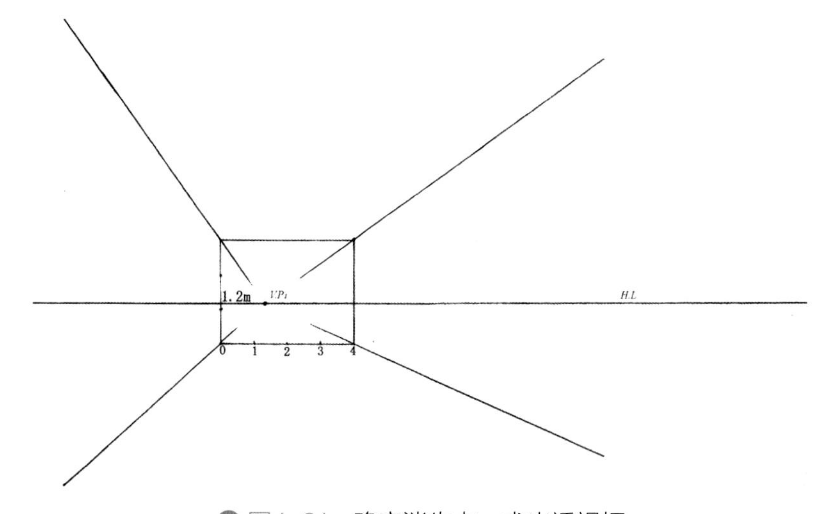

图4-31 确定消失点，求出透视框

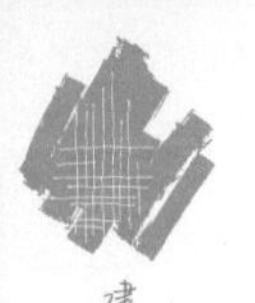

(4) 在视平线上任意确定消失线$V.P_2$($V.P_2$线与水平线所成夹角应小于15°)。通过$V.P_2$连接左上角和左下角顶点，求出内墙面(图4-33)。

(5) 通过消失点$V.P_1$画出等分线。过M点分别与等分点-1、-2、-3、-4连接，其延长线分别交于地线a、b、c、d(图4-34)。

(6) 通过a、b、c、d依次与消失点$V.P_2$连接，求出地面的透视(图4-35)。

(7) 根据分割点做垂线并与消失点$V.P_2$连接，求出墙面和顶面的透视(图4-36)。房间高度是依据内墙等分点分别与$V.P_1$ 、$V.P_2$连接求出的(图4-37)。

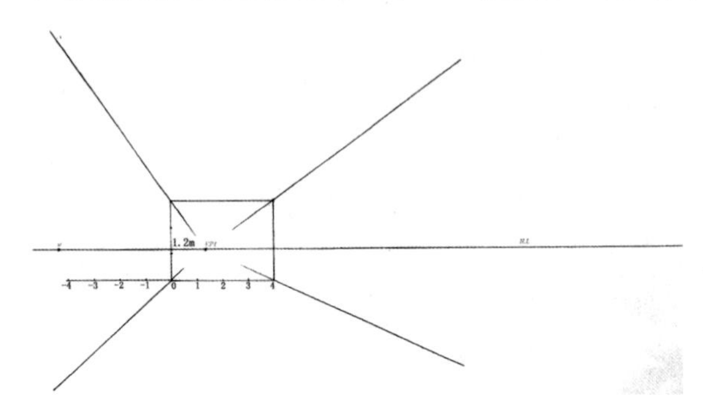

图4-32 定出测量点

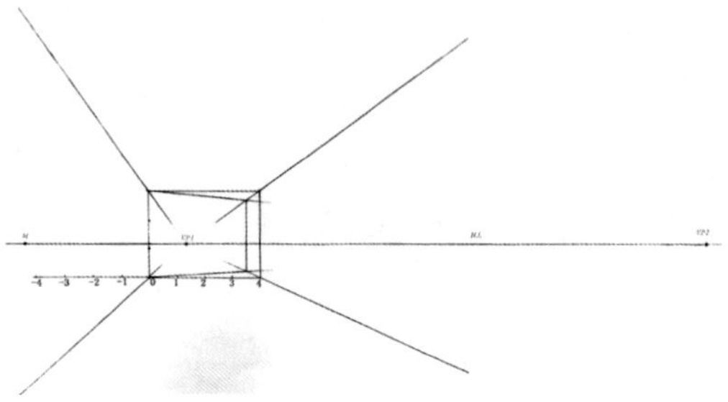

图4-33 确定消失线，求出内墙面

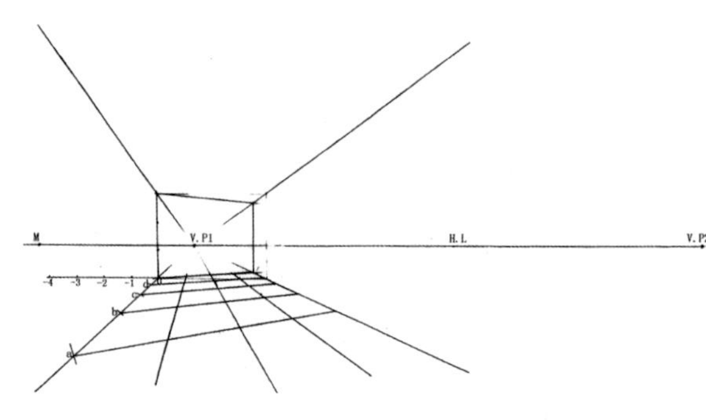

图4-34 画出等分线，求出地线a、b、c、d

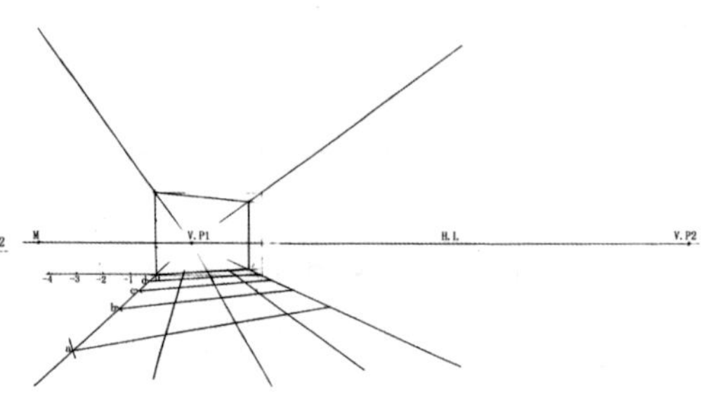

图4-35 求出地面的透视

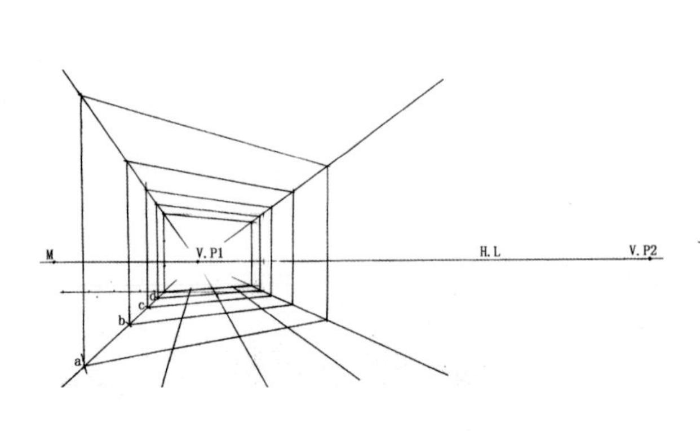

图4-36 求出墙面和顶面的透视

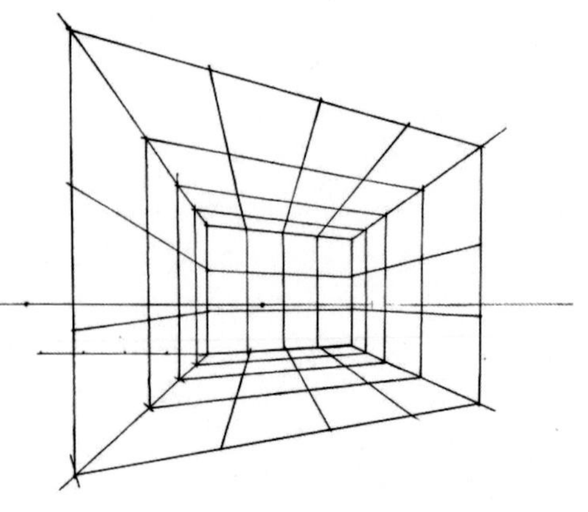

图4-37 一点斜透视最终效果

4.2.3.3　一点斜透视应用实例

下面提供一些一点斜透视表现案例，供大家参考临摹。注意一点斜透视和一点透视的区别（图4-38~图4-40）。

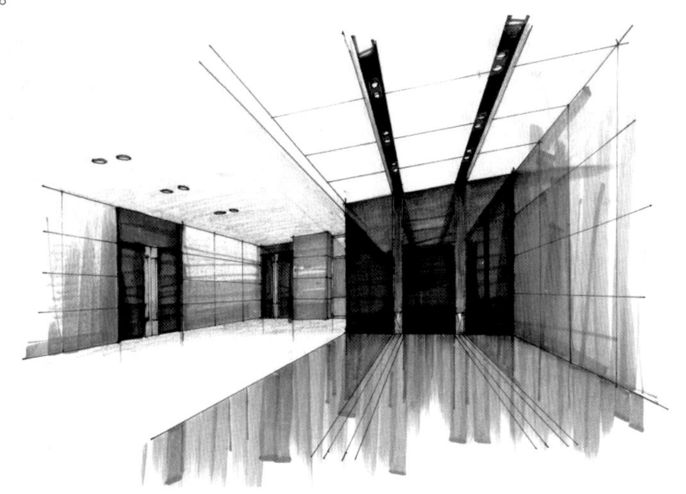

图4-38　一点斜透视在室内表现图中的应用（1）（逯海勇）

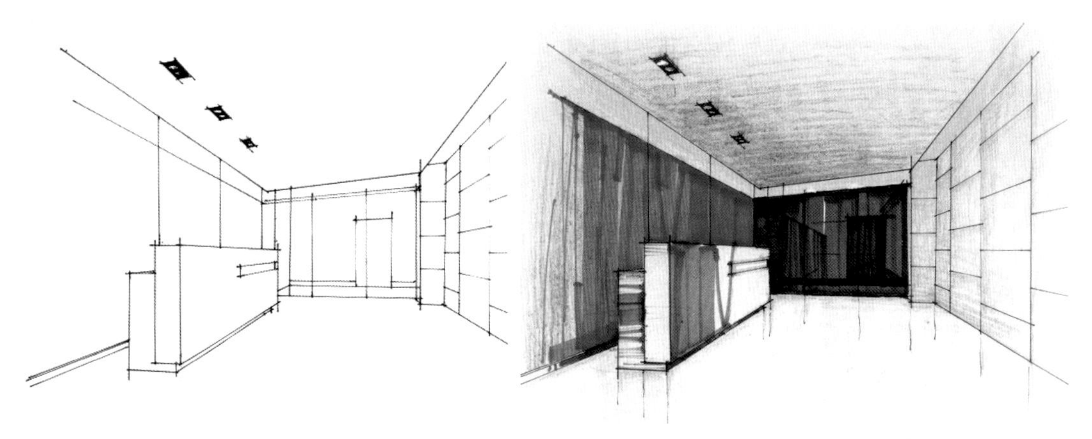

图4-39　一点斜透视在室内表现图中的应用（2）（逯海勇）

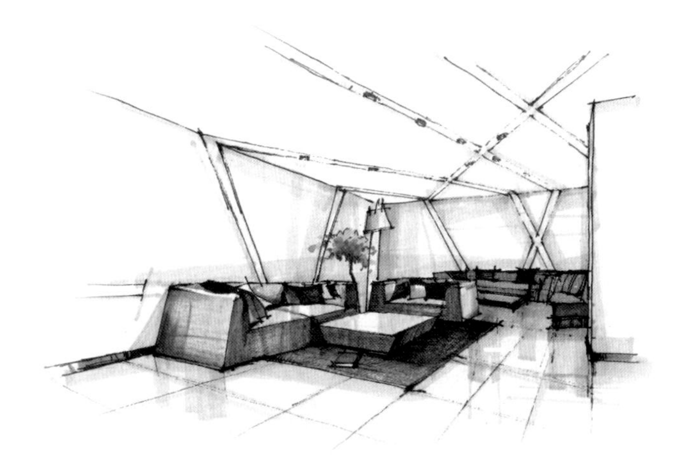

图4-40　一点斜透视在室内表现图中的应用（3）（逯海勇）

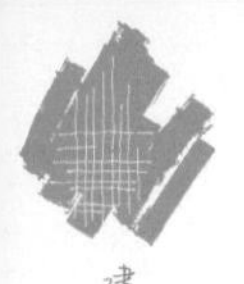

4.2.4 徒手透视图练习及实例分析

在手绘表现图中，速度也是实际的要求，我们不能将大量时间花费在烦琐的透视计算上。透视在实际表现中的作用是控制和检验画面，保证画面不出现重大视觉失误。而在实际表现过程中的计算则是简化的，甚至有时可能会完全脱离计算，要实现这一点，就需要有扎实的透视把握能力和较强的适应性，同时大胆地运用目测法感觉透视线和灭点。这种自由凭感觉的目测透视会大大提高绘图的速度，从而能生动准确地表达所要表现的场景。

绘制徒手表现图时要从大局入手，明确消失点的位置，定好视平线，再画透视轮廓，即根据物体的结构造型画几条虚一点的透视线。徒手表现要求的只是大致准确，只要保证大体上的轮廓和比例关系符合于透视原理，视觉上感觉舒服就行了。至于细部表现则要大胆夸张、高度概括（图4-41~图4-45）。

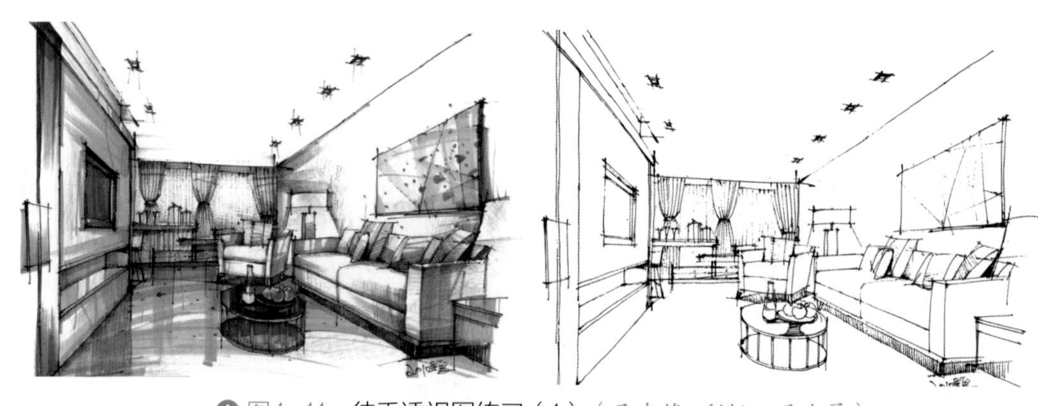

图4-41 徒手透视图练习（1）（马克笔+彩铅 逯海勇）

图4-42 徒手透视图练习（2）
（马克笔 周波）

图4-43 徒手透视图练习（3）
（马克笔 逯海勇）

图4-44　徒手透视图练习（4）（马克笔+彩铅　逯海勇）

图4-45　徒手透视图练习（5）（马克笔　逯海勇）

4.3 手绘透视图绘制时的几点注意事项

在具体方案设计过程中，进行手绘表现时，对于透视图的绘制应注意以下几点。

（1）与后墙面垂直的线条都要消失到同一消失点上。

（2）所有竖线条，如果不是三点透视，都必须画垂直。

（3）圆的体面透视要注意左右的对称性，防止出现倾斜、错误的转角、视点不统一。

（4）在每一幅图中，找一个参照物，如家具、门窗等。以它为标准，衡量整个画面的比例尺度。徒手绘制时最好能与透视图中的一些基本画法结合，用它来校正徒手绘制的误差或求出其空间的界面，然后徒手画出空间中的物体。

（5）在表现整体空间时，把主要物体放在画面中心。

（6）对较小的空间要有意识地夸张，使实际空间相对夸大，并且要把周围的场景尽量绘制得全面一些。

（7）灭点的位置要控制好。如果灭点很高，会看到很少的顶棚和更多的地面；如果灭点很低，则相反；如果灭点接近中心，顶棚和地面就会均等。如果没有特殊需要，尽量把灭点放得较低一些，一般控制在1.2m左右，或更低。

（8）尽可能选择层次比较丰富的角度。

（9）作透视图时，要考虑室内布置的主次与表现的重点，如墙面、地面、顶面和家具等，需要着重表现的地方就可通过不同的视高和视距来调整。

（10）画面中室内空间布局的处理要恰当，避免有些角度拥挤或空洞的现象，可利用植物对画面调整和补充。

（11）画面中穿插的陈设、人物和小品等可起到调节气氛的作用，但要注意其比例的协调。

思考与练习

1. 透视图的基础画法有哪些？
2. 画图说出一点斜透视与一点透视和两点透视的区别？
3. 用钢笔或中性笔画出不同视点、不同角度室内场景的一点透视和两点透视8幅，注意透视中物体的光影表达。
4. 手绘透视图绘制时应注意哪些要点？
5. 用徒手透视图的快速表达方式，完成起居室透视表现图2幅。

第5章 建筑室内手绘表现图构成元素分解

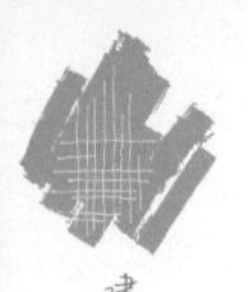

分解就是指将构成表现图中的各个元素抽离出来，然后对其构成元素进行有计划、有目的的分项练习。室内手绘表现分项练习的主要内容包括：材料与质感表现、室内家具表现、灯具与光效表现以及主体与配景表现等。

通过对表现图的各种构成元素进行分项练习，一方面有助于初学者理解形体，充分掌握单一元素的表现技巧；另一方面也节省时间，尤其是在课堂教学时间有限的情况下，分解技法的练习就显得十分必要。同时，分项练习也有利于后一阶段的空间组合练习，从而更有效、更快速地掌握手绘表现技法。

5.1 材料与质感表现

不同的材料质地给人的感觉是不同的。如玻璃、金属可以表达产品的科技气息，木材、竹材可以表达自然、古朴、人情味等。各种不同的材料，都需以不同的表现方法显示其质感，材料质感和肌理的性能特征将直接影响表现图的视觉效果。这就要求设计师必须经常不断地总结视觉经验，从中找出各种材料质感的特征。

5.1.1 石材表现

大理石、花岗岩、瓷砖在室内装饰中已被广泛地运用于地面、墙面等界面，起到装饰和保护墙体的作用。石材质地坚硬，表面光滑，色彩沉着、稳重，纹理自然、变化丰富。在手绘表现图中，一般不过分深入刻画石材的纹理，而只表现石材的感觉即可。

表现大理石、花岗岩材料时，首先按照石材的固有色彩薄薄涂一层底色，留出高光和反光，然后用勾线笔适当画出石材的纹理。在表现纹理时，最好不要等底色干透。这样，纹理与底色可自然交融，显得自然、贴切（图5-1、图5-2）。

图5-1 石材纹理画法（1）

图5-2　石材纹理画法（2）

在表现瓷砖材料时，由于该材料纹理不明显，光洁度较好，所以先铺底色，根据空间的远近，涂上虚实变化的色彩，然后再表现出不同物体在光洁的地砖上所产生的倒影。

画倒影时，要注意物体在空间位置的远近不同及其所产生倒影的深浅变化，用笔要挺直。倒影的深浅与主次，应根据需要来表现。对倒影不要过分强调，以免失去石材的质感，画成水面。等大体的效果处理好后，再根据手绘表现图的透视关系，画出石材铺设拼接之间的分隔线（图5-3、图5-4）。

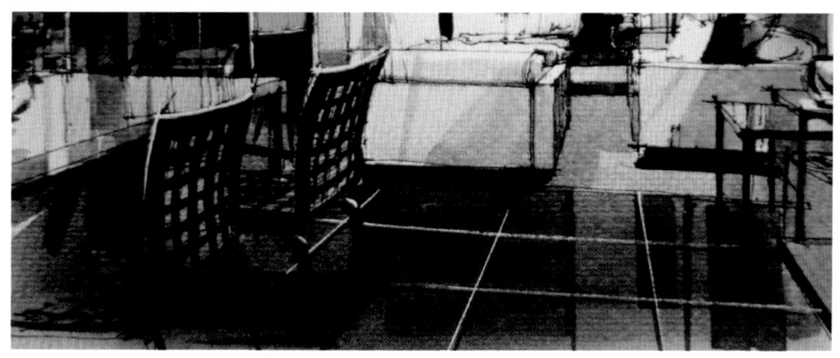

图5-3　石材倒影画法（1）

图5-4　石材倒影画法（2）

5.1.2　木材表现

木材作为室内装饰中的主体材料已广泛应用。它能给人一种回归自然的感觉，增加生活气息和亲切感。常用的木材有红木、花梨木、水曲木、枫木、橡木、胡桃木、斑马木等。由于木材的种类不同，其特点和纹理颜色也不相同，因此作为一名设计师必须对相应的材料特性进行了解和调查，进而掌握不同木材的变化规律和特点，才能做到胸有成竹，表现起来得心应手。

木材的共性是吸光均匀、不反光且表面均有体现材料特点的纹理。在表现这些材料时，着色应均匀、湿润，线条要流畅，明暗对比柔和，避免用坚硬的线条，不要过分强调高光(图5-5)。

图5-5 木材画法

木材表现主要在于木纹的肌理。首先平涂一层底色，再徒手快速画出木纹线条，木纹线条先浅后深，使木材纹理相互融合，自然流畅。可用同一色系的马克笔重叠画出木纹，也可用钢笔和“枯笔”来突出纹理、疤痕等材质特征(图5-6)。表现倒影时，通常根据地面物体采用垂直笔法并注意笔触变化（图5-7)。

图5-6 木材纹理画法

图5-7 木地板倒影画法

5.1.3 玻璃表现

玻璃在室内外材料中占有较大比例，如门窗、幕墙、家具等。这类材料不仅具有坚硬的共性，而且都具有反射和折射的性能，光影变化丰富，而透光是其最主要的特点。主要类别有透明玻璃、磨砂玻璃、镀膜玻璃、有机玻璃等。

玻璃最主要是表现其透明质感，一般用高光画法，表现时可直接借助于环境底色，要画得轻松、准确，点上高光即可。由于其反光较强，而反光形状根据不同结构而定，也可直接用白色画出玻璃器皿的高光与反光，尤其要注意描绘出物体内部的透视线和零部件，以表现出透明的特性(图5-8)。

图5-8 玻璃画法

影响玻璃的表现还有玻璃本身的色彩。在实际生活中，不仅有无色玻璃，还有大量蓝色、绿色、茶色、灰色等玻璃。在有色透明玻璃的表现上还要注意背景物的色彩统一(图5-9)。

磨砂玻璃是不透明的，但也有一定的光感，色彩及明暗的过渡要柔和，在边角处理上要和透明玻璃相似，因为无论磨砂玻璃还是喷砂玻璃，边角是不处理的。

图5-9 有色透明玻璃的表现

5.1.4 金属表现

金属主要包括亚光金属、电镀金属两个种类。亚光金属的调子反差弱一些，有明显明暗变化，基本上不反射外界景物；电镀后的金属几乎完全反射外界景物，调子对比反差极强，最暗的反光和最亮的高光往往连在一起。金属材料中的不锈钢、镀铝金属属于强反光材料，它们是表现图中技法的主要体现 (图5-10)。

图5-10　金属画法

表现时首先从整体着手，注重大的光影变化，不要把映射出的所有景物全部画出，以免画“花”；其次高光处可以留白，同时加重暗部的处理，暗部的反光不能过强，在用色上要和环境统一，不能仅用固有色来处理，成为孤立的局部；再次用笔要利索，有力度，笔触应整齐平整，可用尺规辅助来画，必要时可在高光处显现少许色彩，使画面看上去更生动、更传神(图5-11、图5-12)。

图5-11　用色上要和环境统一，注重大的光影变化，高光处可以留白

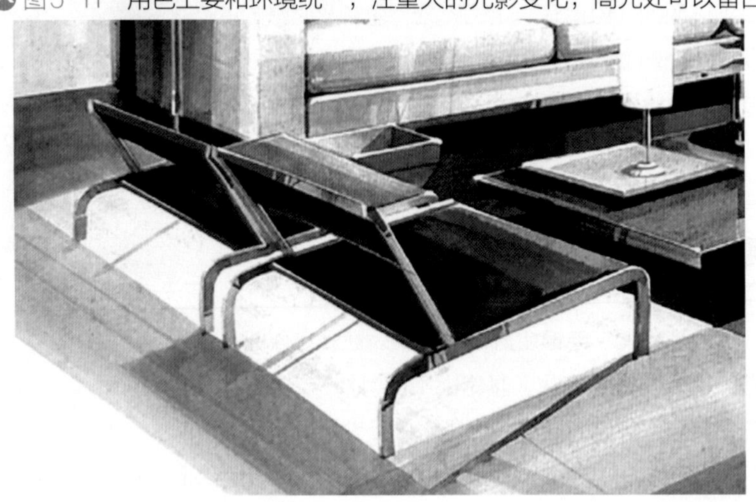

图5-12　在高光处显现少许色彩，使画面看上去更生动、更传神

5.1.5 软质材料表现

软质材料主要包括地毯、窗帘、床单、皮革、沙发布料等。其共同特点是吸光均匀、不反光且表面都有材料特有的纹理。在表达软质材料时一般要着色均匀湿润、线条流畅、明暗对比柔和，避免用坚硬的线条，不能过分强调高光。但在描绘较挺拔的软质材料时却要块面分明、结构清晰、线条挺拔明确。

地毯质地松软，有一定厚度，对凹凸的花纹和绒毛可用短促的点状笔触表现。地毯表现的重点是质地与图案，图案的刻画不必太细，透视变化务必要准确，否则会影响整个画面的空间稳定性（图5-13 ~图5-15）。

图5-13　地毯画法（1）

图5-14　地毯画法（2）

图5-15　地毯画法（3）

窗帘面料多为丝、麻织品，用马克笔或淡彩表现时要先浅后深，用浅色画出受光面和暗面，留出高光，再用深色画褶皱的影子和重点的明暗交界线。用笔要果断，注意随转折而变化，图案不必完整，有意向即可(图5-16、图5-17)。

图5-16 窗帘画法（1）

图5-17 窗帘画法（2）

桌布及床单的表现主要在转折褶皱处。表现时应注意强调用笔画线的方向与形体转折保持一致(图5-18~图5-20)。

图5-18　桌布画法

图5-19　床单画法（1）

布料沙发调子对比弱，只有明暗变化，不产生高光。画时要注意明暗的过渡，以表现出柔软性。缝制的线缝是体现其质感的重要组成部分，不可忽略掉（图5-21)。

沙发靠垫的表现通常使用马克笔或其他工具绘制基色，用较深的笔绘制表面的阴影。注意整个画面中补色的使用，以及光照、阴影等细节的处理（图5-22)。

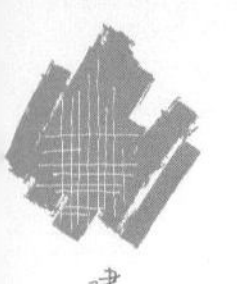

图5-20 床单画法（2）

图5-21 沙发画法

图5-22 靠垫画法

5.2 家具与电器表现

家具与电器是室内装饰的主要陈设品，也是室内设计的重要组成部分，在设计表现图中要给予足够的关注。家具主要有桌椅、沙发、电视柜、茶几、床、衣柜、橱柜等；电器主要有电视机、计电脑、冰箱、洗衣机等。在正式绘制表现图前，适当地多画一些室内陈设品对表现室内空间氛围的效果至关重要。

最初接触手绘表现图一般是绘制室内陈设单体。陈设单体具有完整的造型和不同的质感，在绘制时要仔细观察，对形体进行分析和理解，掌握形体的结构关系，抓住主要特征，准确而形象地将形体表现出来。绘制时尽量不要使用太多辅助工具，要着重训练眼与手的协调配合能力、锻炼敏锐的观察力和熟练的手绘技巧。最好将每个单体陈设反复画上几遍，甚至几十遍，找出其中的规律（图5-23 ~图5-26）。

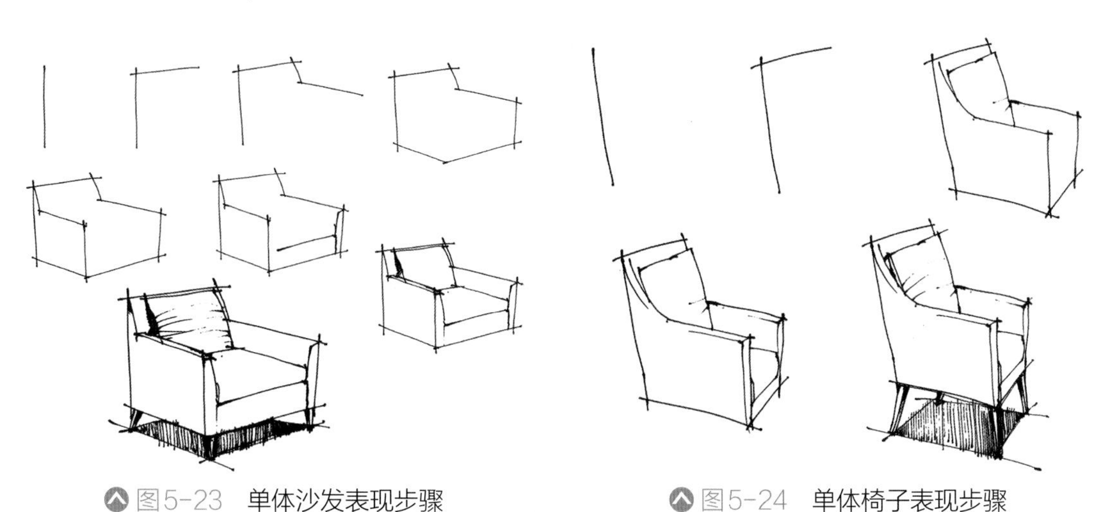

图5-23 单体沙发表现步骤　　图5-24 单体椅子表现步骤

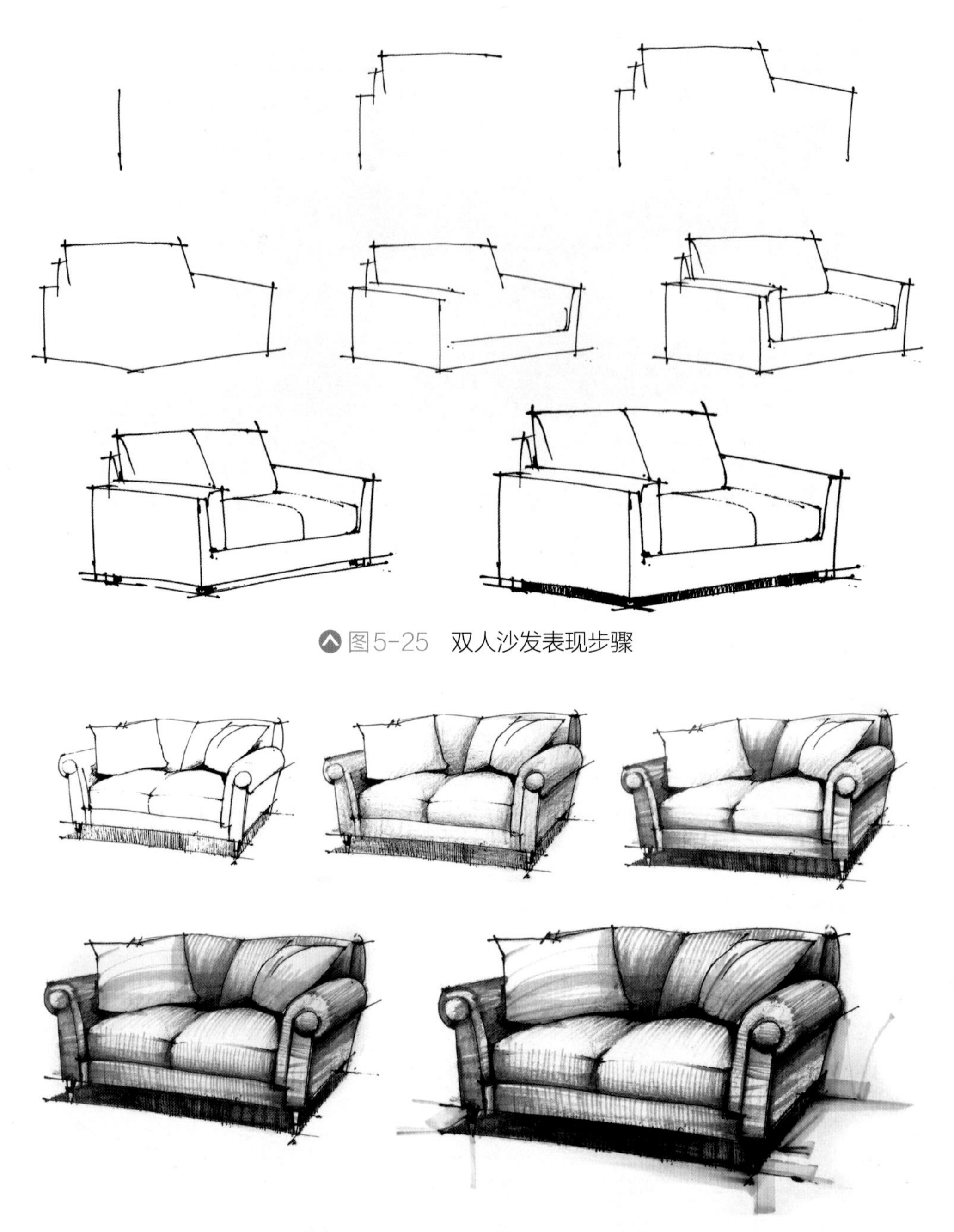

图5-25　双人沙发表现步骤

图5-26　布艺单体沙发表现步骤

当单体陈设练习到一定程度时，就可练习组合物体。组合物体主要研究物体的比例、材质对比、光影关系等诸多因素，相对难度较大。学生在学习时应注意体会组合物体上色的空间细节处理。在刻画整体效果时应强调“环境”这一因素，强调彼此之间的影响。

表现组合物体要先铺主体色调，然后再刻画其他颜色。着色时应先上暗部的颜色，再根据画面效果向明亮部分和反光部分过渡。注意保持组合物体光源的一致性，笔触不可过于雷同，应根据物体离光源的远近来确定物体的前后虚实关系或笔触变化。

下面提供一些室内陈设实例，供初学者临摹参考（图5-27~图5-31）。

图5-27 室内陈设（1）

图5-28 室内陈设（2）

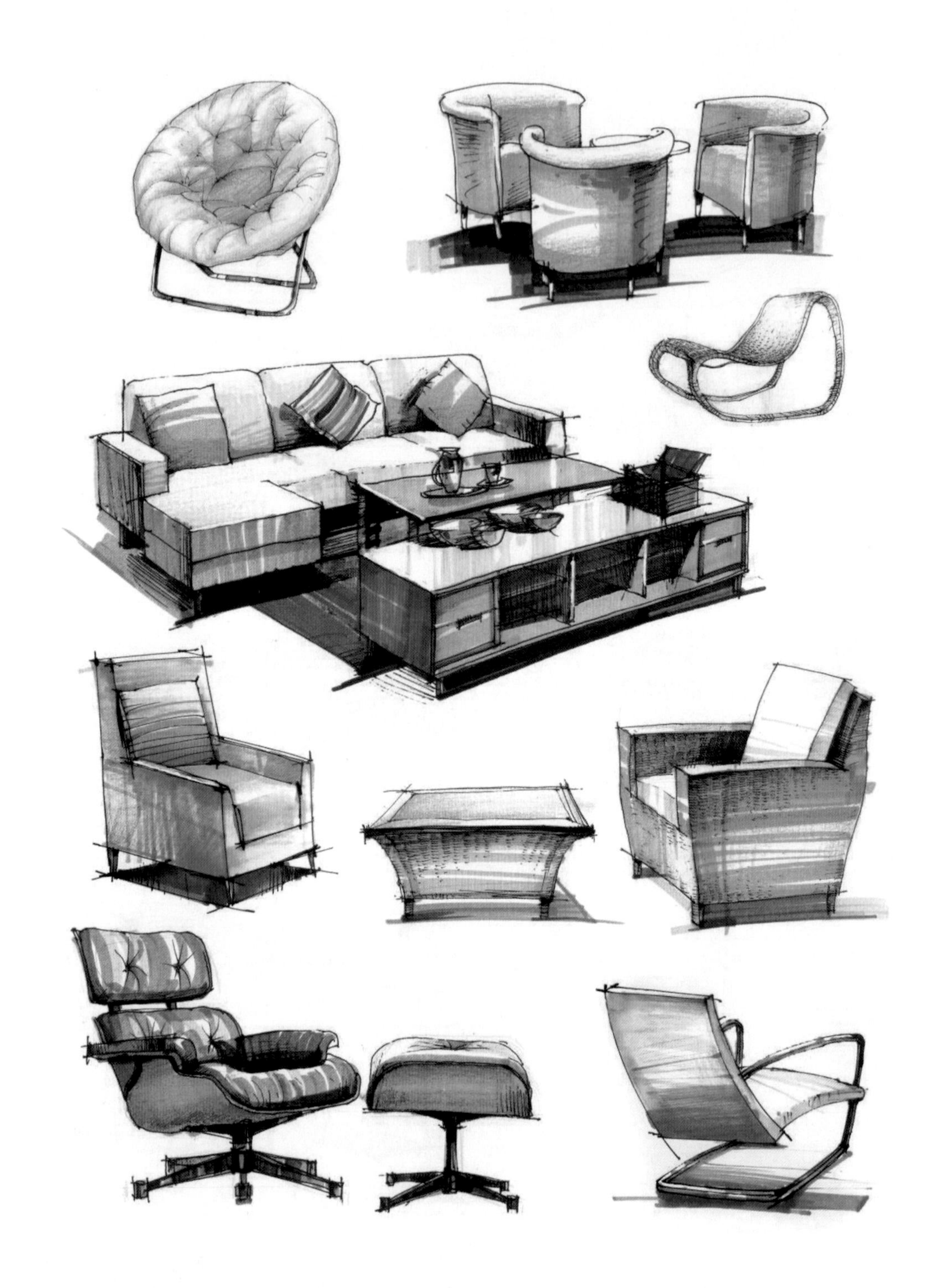

图5-29　室内陈设（3）

图5-30 室内陈设（4）

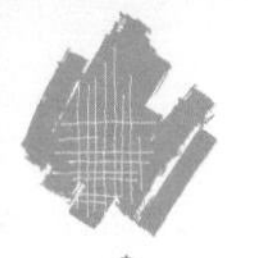

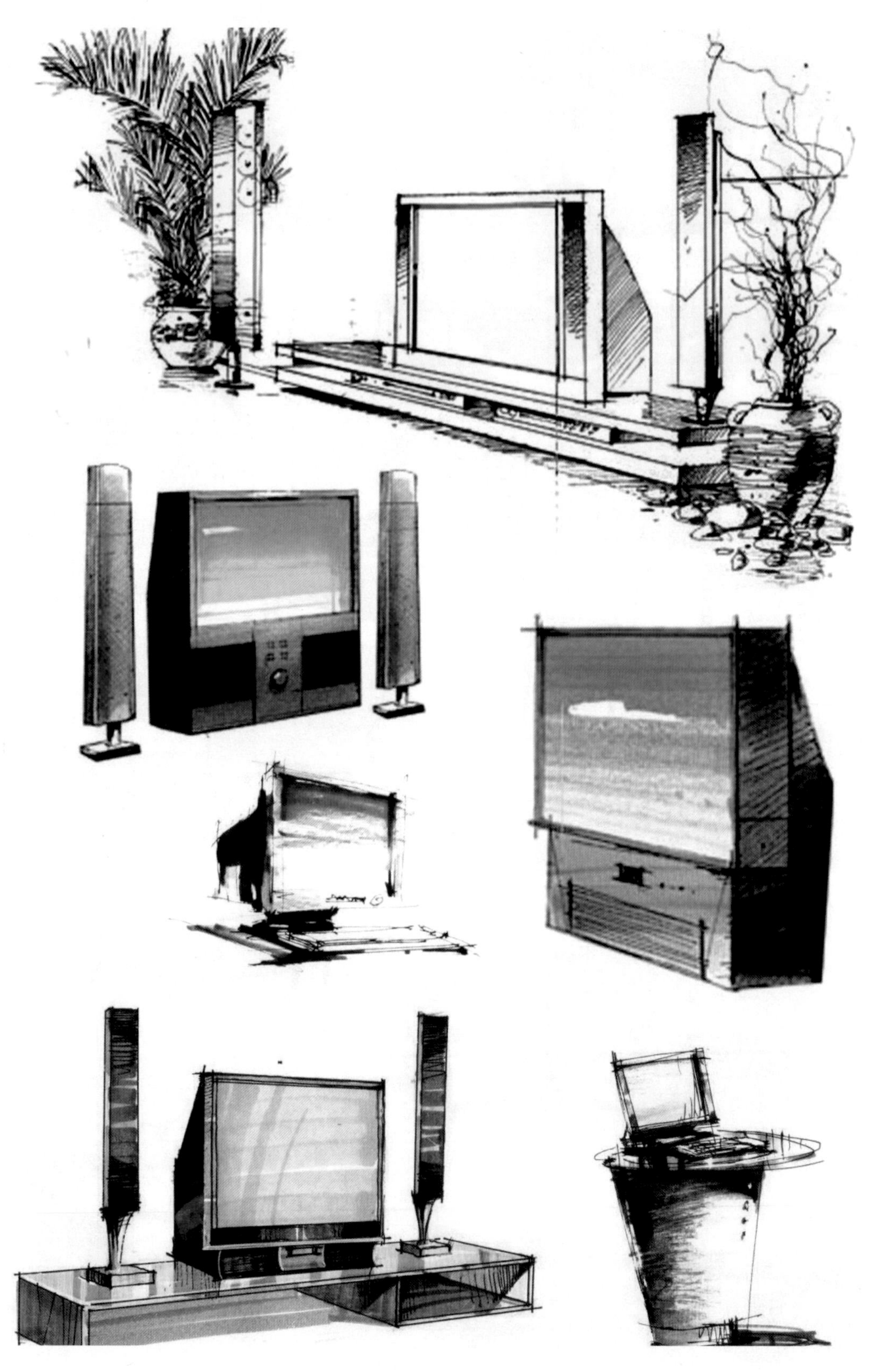

图5-31　室内陈设（5）

5.3 灯具与光效表现

几乎所有的室内表现图都离不开灯与光的刻画。灯具样式及光效表现效果的好坏将直接影响整个室内设计的格调、档次。特别是吊灯、吸顶灯往往都是处于画面的中心位置，因此，对灯具与光效的刻画就显得尤为重要。

5.3.1 灯具表现

人工照明离不开灯具，灯具不仅是限于照明，为使用者提供舒适的视觉条件，同时还是室内装饰的一部分，起到美化环境的作用，是照明设计与室内设计的统一体。灯具与室内空间环境结合起来，可以创造不同风格的室内情调，取得良好的照明及装饰效果。

室内手绘表现图主要涉及的灯具有吊灯、吸顶灯、台灯、落地灯、壁灯、嵌入式灯、轨道射灯等，这些灯具在室内光环境设计中应用得较多，除此以外，还有应急灯具、舞台灯具以及艺术欣赏灯具等形式。

灯具表现不必过于精细，因为灯具大多处于背光，要利用自身的暗来衬托光的亮度。在表现中也不是单纯地刻画灯具的轮廓，而是要着意刻画物体的光影关系，要表明光从哪里来，对物体产生怎样的影响。如果单纯地只是表现物体的轮廓，而无光的存在，那么形体就显得呆板，毫无生气。

灯具表现要注意简练、概括。可以用线的虚实、轻重、快慢去表现背光或逆光的效果，或是在明暗交接处、物体的根部加以少量的调子来强调或调整（图5-32 ~图5-34）。

图5-32　室内不同灯具表现步骤

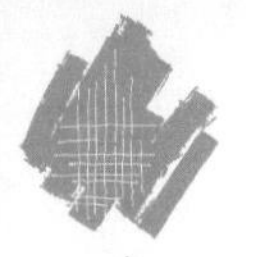

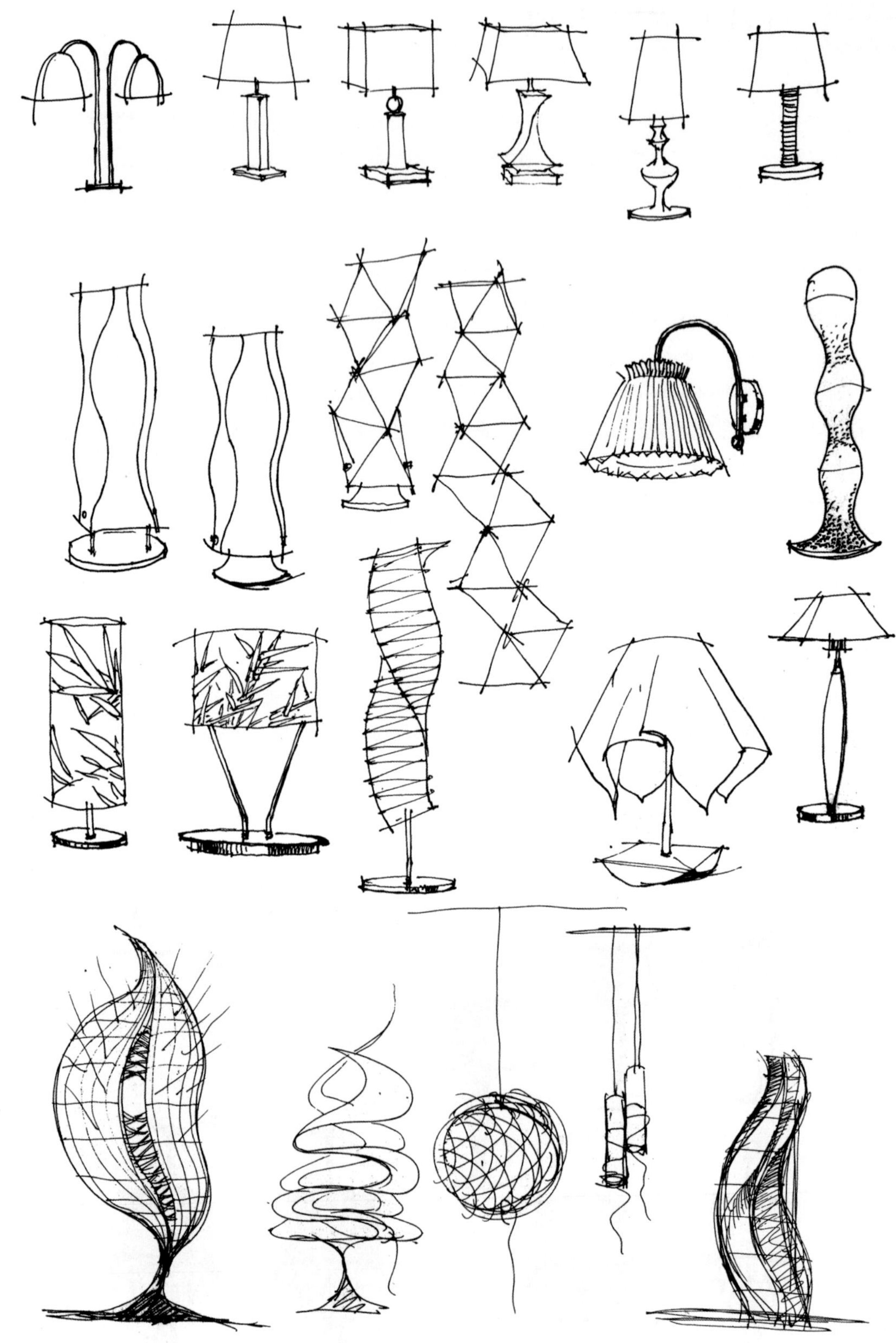

图5-33　室内不同灯具表现

图5-34　灯具表现要注意简练、概括，可以用线的虚实、轻重、快慢去表现背光或逆光的效果

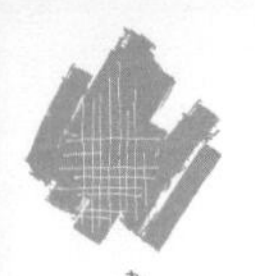

5.3.2 光效表现

光效表现主要通过光与影来体现。光与影相辅相成，影的形态随空间界面的折转而折转，影的形象要与物体外形相吻合（图5-35）。在一般情况下，顶光的影子直落，墙面的影子斜落，而发光源的光感处理主要靠较深的背景衬托。

图5-35 自然光效下形成的倒影和投影

表现光影效果可以适当地夸张色调的明暗。首先在线条的基础上绘制周围的基色，要注意虚实变化，可用同一系列的马克笔和彩色铅笔来表现过渡关系，光照部分适当留白或用白色、黄色等明度高的色彩体现光效（图5-36）。

图5-36 人工光效光影表现

5.4 装饰摆件与配景表现

5.4.1 装饰摆件表现

装饰摆件主要是指陶器、瓷器、果盘、书本、墙画等。这些东西虽然不多，但在显示设计的情趣，渲染室内气氛方面起到画龙点睛的作用（图5-37）。

具体处理上应简洁明了，着笔不多又能体现其质感和韵味，要强调概括表现的能力。表现时可使用较鲜艳的颜色与画面色调进行对比，使画面生动有趣。

图5-37 装饰摆件表现

5.4.2 植物表现

室内植物表现主要是平衡画面的构图。一般放在画面近处，或在画面某个角落，起点缀和陪衬的作用。室内植物种类繁多，形态各异。常用的室内绿化植物有蒲葵、凤尾竹、龙血树等，这些植物既增添了室内的自然情趣，又起到了活跃画面的效果。

刻画植物时应谨慎处置，常因最后几笔处理欠妥而破坏了整幅画的情况也时有发生。表现时要注意概括取舍，整体来画，抓主要特征，而且要有层次，注意疏密变化，个别地方要通透，切忌画成实心。勾画枝叶不可太随意，以免给人杂乱之感，一定要根据生长结构及走向，注意穿插关系。由于绿化植物极为烦琐，表现较难，因此，总结熟记几种常用植物与花草的表现画法，为画面添彩生辉是明智之举（图5-38~图5-40）。

图5-38 室内绿化表现（1）

图5-39　室内绿化表现（2）

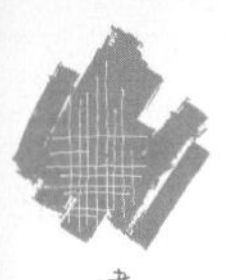

图5-40　室内绿化表现（3）

5.4.3 人物表现

室内人物表现主要是增强室内环境的尺度、规模与气氛，比如大堂设计表现图，画面中央往往比较空旷，加上活动的人物后气氛会立即活跃，同时也增强了画面构图中心的分量。在手绘室内表现图中，人物通常采用概括的“硬”式或“口袋”式来表现（图5-41、图5-42）。然而，人物毕竟是一种点缀，应适可而止，不可画得过多，以免遮掩了设计的主体造型（图5-43~图5-45）。

图5-41 以“硬”式画法表现人物造型

图5-42 以“口袋”式画法表现人物造型

图5-43 室内人物表现步骤（1）

图5-44　室内人物表现步骤（2）

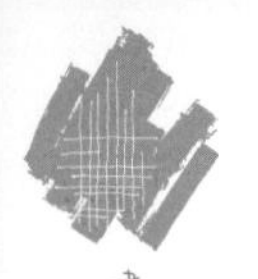

图5-45　人物在室内设计表现图中的应用

思考与练习

1. 如何理解表现图中的质感表达?
2. 收集石材、木材、金属、玻璃和软质材料并观察其特性，结合本章介绍内容对这些材料进行写生，每种材料各绘制2幅。
3. 在A3复印纸上用马克笔和彩色铅笔临摹室内陈设单体和成组物体5幅。
4. 室内手绘表现图的灯具如何表现?
5. 用马克笔和彩色铅笔临摹室内绿化5幅。
6. 人物在表现图中有哪些作用? 用马克笔和彩色铅笔临摹单个人物和组群人物2幅。

第6章 建筑室内手绘表现图常用技法

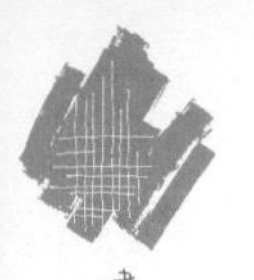

室内设计表现是室内设计的重要组成部分，并始终作为一种视图语言贯穿于设计的每一个环节中。从视觉记录到方案图解、从构思草图到最终表现图完成，表现与设计相互依托、相辅相成。手绘表现图技法种类繁多，分类的方法也不尽相同，如水粉技法、水彩技法、彩色铅笔技法、马克笔技法、喷笔技法等。本章根据当前设计实际需要着重讲解彩色铅笔技法、马克笔技法以及综合表现技法。

6.1 彩色铅笔表现技法

彩色铅笔表现是目前手绘表现图中比较流行的一种技法。由于其便于携带、使用简便、色彩稳定、容易控制，可以快速画出光线或色调的变化，常常用来表现草图、平面图、立面图。对于初学者来说是一种非常理想的工具。

6.1.1 相关工具与材料

目前市场上常见的彩色铅笔有两种：一种是普通的蜡质彩色铅笔；另一种是水溶性彩色铅笔。蜡质彩色铅笔附着力强，不易褪色，即使用手涂擦，也不会使线条模糊，但色质偏硬，在纸上容易“打滑”，不易画出丰富的层次和鲜丽的色彩；水溶性彩色铅笔是一种表现力很强的设色工具，既可以勾线，又能作为铺色使用，尤其是能自然地表现色彩之间的过渡关系。它的色块经水涂以后具有色彩柔和、层次丰富的水彩画效果。但水溶性彩色铅笔因笔芯较脆，用手削易断。值得注意的是，国产水溶性彩色铅笔各品牌之间的质量很不一样，质量直接影响表现力，因此，建议选择性能较好的彩色铅笔。

彩色铅笔用纸一般选用绘图纸、复印纸等有些表面纹理的纸张较好，不宜采用过于光滑的纸张作画，如铜版纸。复印纸价格低廉，纸质均匀，勾画草图时比较顺手，容易激发构思灵感，也可以选用透明的纸张，如硫酸纸、草图纸等。不同的纸张与彩色铅笔结合能创造出不同的艺术效果，能充分将纸与色的特性发挥出来。初学者可多做一些小实验尝试，在实际操作过程中积累经验，这样就可以做到随心所画、得心应手。

6.1.2 彩色铅笔的特性

由于彩色铅笔的色彩种类较多，可表现多种色彩和线条，能增强画面的层次效果和空间感。用彩色铅笔表现一些特殊肌理，如木纹、灯光、倒影和石材肌理时，也均具有独特的效果。

彩色铅笔可以非常细腻地表现室内空间场景，突出室内主体和渲染氛围，虚实过渡流畅自然。但如果想刻画得非常细腻和真实，也需要作者具备扎实的基本功和耐心。由于彩色铅笔覆盖力弱，要表现出室内丰富的色彩层次效果，需要不断改变用笔力度，逐层上色，细致刻画，逐步使色彩的明度和纯度发生变化，形成渐变的效果，从而达到丰富多彩的效果。

另外，彩色铅笔是尖头绘图工具，绘制大幅面的图纸会花费大量时间，一般选用A3图幅大小即可。

6.1.3 彩色铅笔表现图的学习要领

6.1.3.1 彩色铅笔基础技法

任何一种技法都是从基础着手，彩色铅笔画法也是如此。彩色铅笔的表现技法看似简单，但并不随意，要遵循一定的章法，才能真正发挥它的作用。

彩色铅笔着色基础技法有两种：一种是突出线条的特点，它类似于钢笔画法，通过线条的组合、笔尖的粗细、用力的轻重、线条的曲直、间距的疏密等因素的变化，来表现色彩层次以及体现画面不同的韵味；另一种是通过色块叠加，线条关系不明显，相互融合成一体（图6-1、图6-2）。

图6-1 彩色铅笔的笔触

图6-2 彩色铅笔的笔触叠加

运用彩色铅笔表现的作品色彩总是很浅淡，效果不够艳丽醒目。但实际上这不是彩色铅笔工具本身的问题，主要在于用笔的方法，是使用力度不当造成的。画面上如果没有明确的色彩明度对比，自然就会显得平淡，使用时应适当地加大用笔力度。其方法可像画素描那样，根据其透明性，笔触覆盖叠加，增加复合色的调配，使画面逐渐艳丽醒目（图6-3、图6-4）。

笔触表现也是彩色铅笔效果的一个重要方面，能突出形式美感。彩色铅笔的笔触有其一定的规律性，往往向统一的方向倾斜，这便形成了一种效果非常突出的技法。这种技法不仅简便易学，而且画面具有韵律感和统一感（图6-5）。

在有色纸上用彩色铅笔表现是一种简捷易行、效果较好的方法。归纳起来，此方法实质上是线描加彩色铅笔技法在有色纸上的综合运用，其表现步骤可以理解为用钢笔在有色纸上勾线，再使用彩色铅笔涂色。这种技法不仅在正式的表现图中运用，而且在构思阶段也常常采用（图6-6、图6-7）。

彩色铅笔技法还可与马克笔、水彩等其他工具结合表现，这时彩色铅笔又成为其他工具表现效果的补充工具，一般用于物体的色块与纹理表现，以丰富色调以及最后阶段的整体调整。

6.1.3.2 抄绘和创作相结合

彩色铅笔表现同样也需要选择一些优秀的作品进行抄绘。在抄绘过程中，从范例作品的构图形式、空间安排、作画步骤、各种材料的表现方法以及作品的意韵等多个方面进行学习，可使初学者能尽快地掌握和提高表现技法（图6-8~图6-14）。

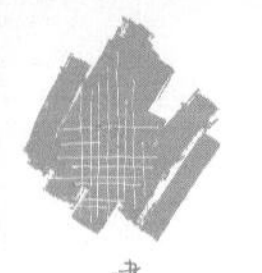

当抄绘一些优秀作品后，就可选择一些摄影作品进行摹绘。这是从临摹向创作过渡的阶段。这种方式对初学者来说要求进一步提高，摹绘的形式可作为长期作业，表现得精细入微，又可用于快速表现，寥寥数笔就可体现其神韵。这样的学习能为以后的设计储存大量的形象信息，又可打开初学者绘图表现的思路，训练手与脑有机配合的快速造型与表现能力，为以后的创作打下坚实、牢固的表现基础。

图6-3　通过笔触叠加，使画面色彩逐渐艳丽醒目（签字笔+彩色铅笔　逯海勇）

图6-4　通过笔触叠加，增强画面的明暗对比关系（签字笔+彩色铅笔　逯海勇）

图6-5　采用方向倾斜的笔触，画面具有韵律感和统一感（签字笔+彩色铅笔　董海洁）

图6-6　在有色纸上用彩色铅笔表现的展示空间效果（1）（签字笔+彩色铅笔+马克笔　杨健）

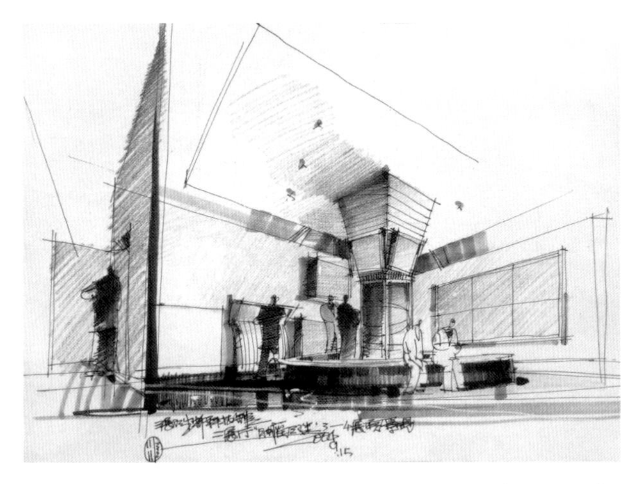

图6-7　在有色纸上用彩色铅笔表现的展示空间效果（2）（签字笔+彩色铅笔+马克笔　杨健）

图6-8　某酒店过廊表现（签字笔+彩色铅笔+马克笔　逯海勇）

图6-9　某建筑办公空间走廊表现
（签字笔+彩色铅笔+马克笔　逯海勇）

图6-10　某建筑办公空间观景区表现
（签字笔+彩色铅笔+马克笔　逯海勇）

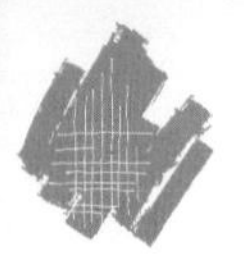

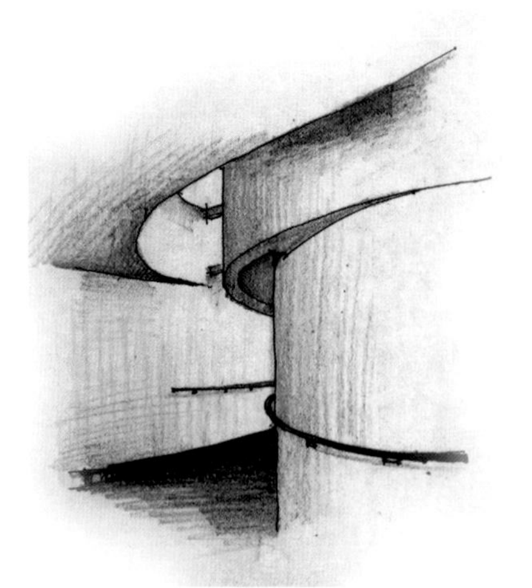

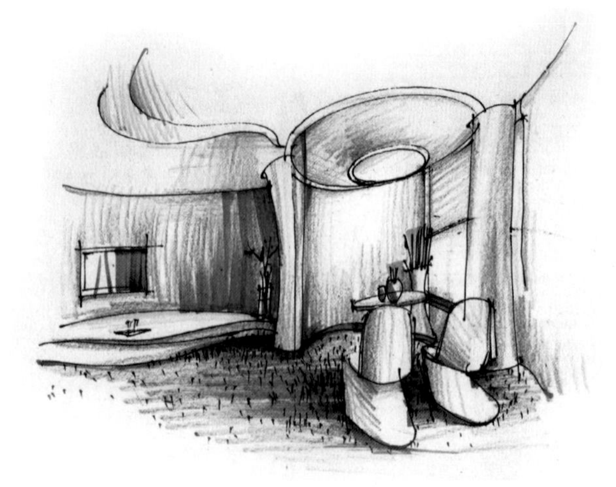

图6-11 某建筑办公空间过廊表现（签字笔+彩色铅笔+马克笔 逯海勇）

图6-12 某娱乐场所餐厅表现（签字笔+彩色铅笔+马克笔 逯海勇）

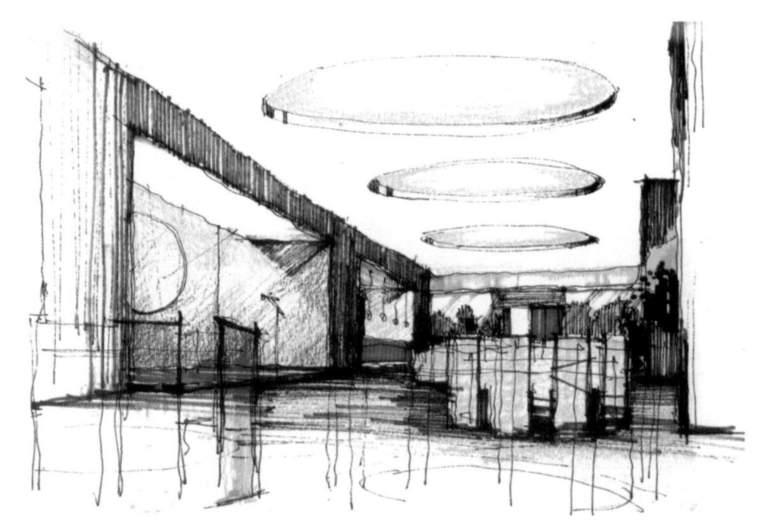

图6-13 某酒店雅间表现（签字笔+彩色铅笔+马克笔 李湘）

图6-14 某酒店生态餐厅表现（签字笔+彩色铅笔+马克笔 李湘）

6.2 马克笔表现技法

马克笔是手绘表现图中使用较多的一种工具，其使用简便，作画快捷，色彩丰富，表现力较强。由于具有作图时不需用水，着色速度快，干燥时间短等优点，很适合徒手绘制表现图，是设计师非常青睐的表达工具。

6.2.1 相关工具与材料

马克笔分为油性和水性两种类型。油性马克笔以甲苯、二甲苯作为溶剂，易蒸发，对人体有微毒，用后须盖紧笔帽。其特点是色彩透明，纯度高，色相丰富，有专门的灰色系列，着色时颜色可互相渗透，是作图效果最好的一种。水性马克笔以水为溶剂，颜色亮丽，透明感强，画起来笔触明显，但颜色不稳定，干后会变淡，适于作小面积的勾勒与点缀，不适宜大面积的平涂；并且遇水会化开，与水彩混用会产生特殊的效果。有时遇到纸质问题，纸吃色严重时，用笔感觉枯涩。

图6-15 马克笔笔头

马克笔笔头分为宽头和尖头两种，宽头是特制的，带有切角，可绘制大面积的块面，尖头可精确刻画细部，其笔触非常适合快速表现图的绘制（图6-15）。

马克笔品种繁多，色彩分类较为细致，可直接到画店选购。一般选择30~40种常用的色彩就可进行绘图表现（图6-16）。

绘图纸、硫酸纸、白卡纸等都是马克笔表现的常用纸张。要注意过于光滑的纸会影响颜色的附着力，容易在纸张摩擦后掉色，最好选用马克笔专用纸。硫酸纸是马克笔作图的理想用纸，其质地坚实、致密而稍微透明，能为画面增添含蓄的魅力。另外，复印纸也是常用纸张，其特点是价格便宜，纸面光滑，吸水性较弱，色彩还原性好。

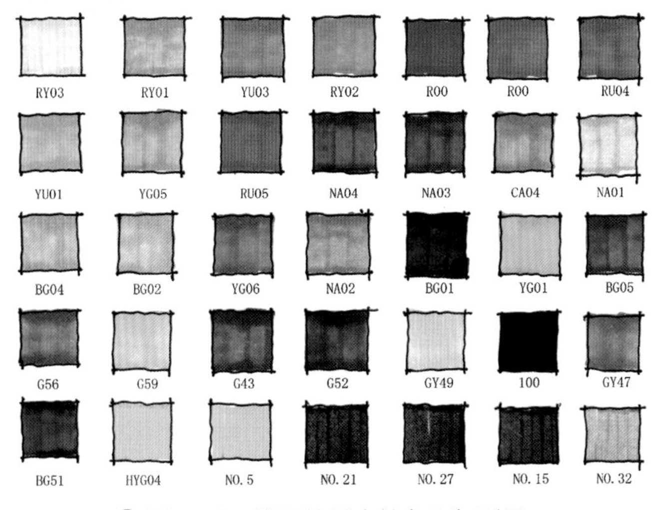

图6-16 常用的马克笔色彩与型号

6.2.2 马克笔的特性

马克笔色彩亮而稳定，具有一定的透明性，同时马克笔的色彩很薄，画在纸面上干得很快，可以重复上色。作画时，要注意色彩的搭配，往往需要配备一个相对完整的色彩系列，才能完成一幅色彩丰富的表现图。

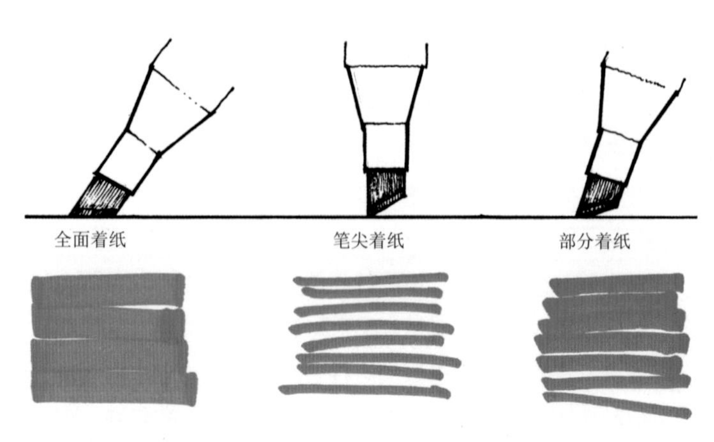

图6-17 笔头着纸与笔触的关系

马克笔的笔头形状决定了马克笔笔触的基本模式，这就要求握笔具有一定的角度。笔头全面着纸，能画出较宽的线条，如果握笔角度逐渐提高，画出来的线条就越来越细（图6-17）。由于马克笔受笔触大小的限制，因此不能进行大面积渲染，一般最大控制在A3图幅大小，比较容易把握整体。

马克笔用一段时间后容易变干或褪色，但不要将其扔掉，它们仍有用处，用半干的马克笔擦出的条纹能很好地表现出物体的质感和虚实效果。大多数旧马克笔只需要注入溶剂即可再次使用，如滴眼液、乙醇溶液等，再生后的马克笔在彩度和亮度上都不如新笔，但在表现特定的灰调时仍富有价值。

6.2.3 马克笔表现常见问题与处理技巧

6.2.3.1 笔触的运用问题

在手绘表现图中，马克笔的笔触可以用来打破画面单调、呆板的气氛，这种用笔触建立起来的整合形态，目的是为了使画面建立秩序感。初学者可借助了临摹优秀范例和简单的形体训练笔触，经过一段时间的磨炼和经验积累，方能做到笔法的游刃有余。

马克笔笔触的常用技法形式是N字形和Z字形，这是大面积涂染时一种概括性的过渡手法。画时利用折线的笔触形式，逐渐拉开间距，降低密度，分出几个大块色阶关系，一般只要三四个层次即可。另外，随着折线空隙的加大，笔触也要越来越细，需要不断调整笔头角度。

笔触的方向也非常重要。马克笔的笔触可以随着造型或透视关系进行排列，但在实际操作中，笔触的排列方向还有另外一个规律：因为马克笔不适合表现过长的线段，要尽量控制线条的长度。因此在固定范围内，通常以较短距离的那个方向进行笔触排列。

落笔和起笔也是马克笔运用时须注意的问题。落笔时用力下压，行笔要快。落笔和起笔停留在纸面上的时间不能过久，要做到行笔和收笔流畅。对于一些较长的线条须快速地一气呵成，中间不要停顿续笔。在练习阶段，应尽量加快用笔的速度，这样可以很快适应马克笔的手感，从而快速进入状态（图6-18~图6-20）。

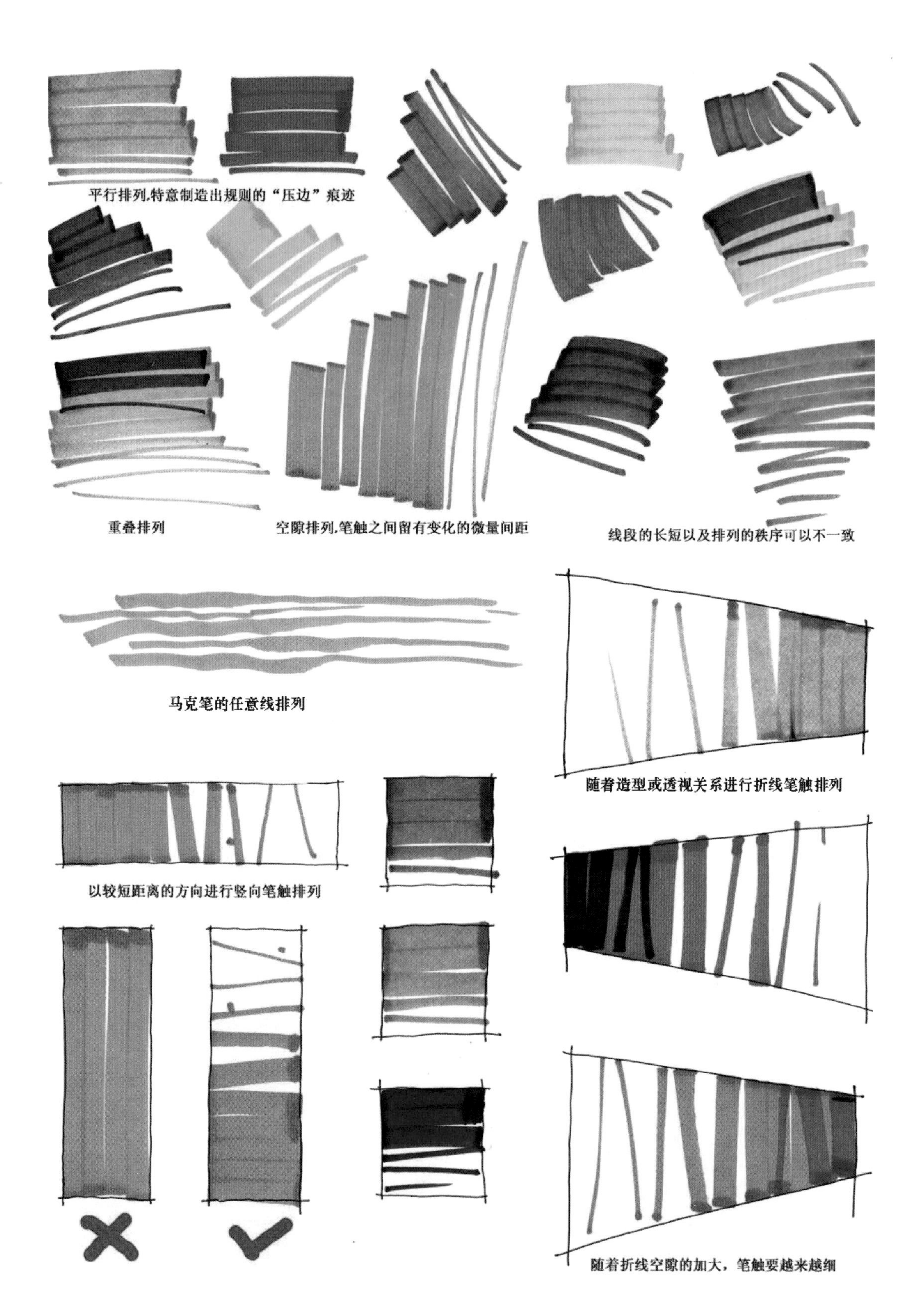
平行排列,特意制造出规则的“压边”痕迹
重叠排列
空隙排列,笔触之间留有变化的微量间距
线段的长短以及排列的秩序可以不一致
马克笔的任意线排列
随着造型或透视关系进行折线笔触排列
以较短距离的方向进行竖向笔触排列
随着折线空隙的加大，笔触要越来越细

图6-18　马克笔的笔触

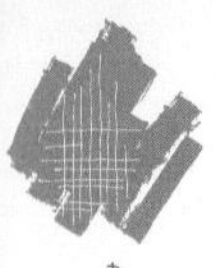

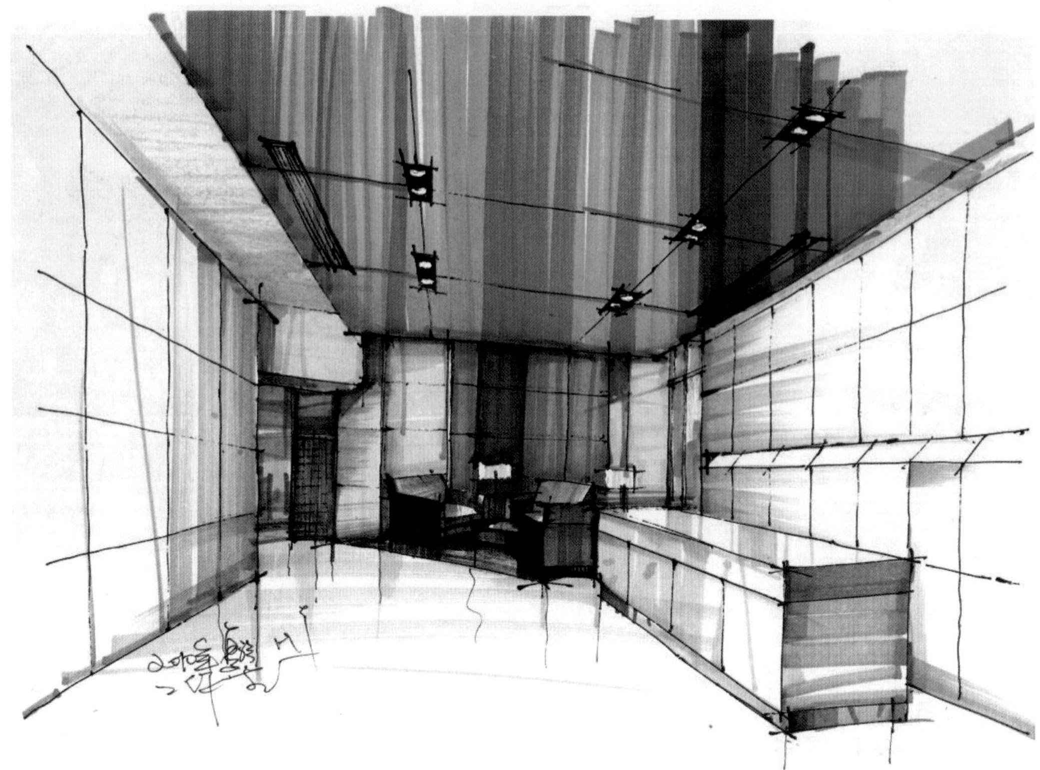

图6-19 马克笔笔触的应用（1）（签字笔+马克笔+彩铅 逯海勇）

图6-20 马克笔笔触的应用（2）（签字笔+马克笔+彩铅 逯海勇）

6.2.3.2 色彩的搭配问题

由于马克笔的颜色特性，马克笔着色只能是进行固有色的表达，而不能像彩色铅笔那样取得丰富的色彩搭配。所以马克笔的着色表现不在于色彩变化，而在于明度对比关系。因此在实际表现中，各种媒介往往搭配使用，相互掩盖各自的缺点，才能更好地发挥它们各自的优势，使画面色调更加和谐（图6-21）。

色彩搭配必须要有主次关系，通常以马克笔色彩为主，彩色铅笔作为辅助。表现时要注意主要部位色彩要层次分明，次要部位色彩明度不宜过高，一般大多以中性色彩为主，其中多数为灰色系列。整个画面保持中性色调，以少量的艳丽色彩进行点缀即可。在表现后期，可用彩色铅笔作为马克笔不足的补充，一般用来调整色块的颜色与纹理，改变色彩的单调与平淡，增添细部表现力（图6-22~图6-24）。

图6-21　马克笔与彩色铅笔的叠加效果

图6-22　用彩色铅笔调整画面色块的颜色与纹理，以弥补马克笔的不足，既改变色彩的单调与平淡，也增添了细部表现力（签字笔+马克笔+彩色铅笔　逯海勇）

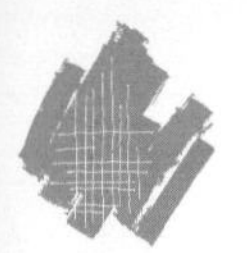

图6-23　某酒店门厅表现（签字笔+马克笔+彩色铅笔　逯海勇）

图6-24　某别墅会客厅表现（签字笔+马克笔+彩色铅笔　逯海勇）

6.2.4　马克笔表现图的学习要领

6.2.4.1　马克笔基础技法

马克笔颜色透明，用色一般为先浅后深，便于控制色调层次，而后逐步添加其他色彩，使画面丰富起来。最后使用较重的颜色进行边角处理，拉开明度对比关系，并且要注意色彩之间的相互和谐，忌用过于鲜亮的颜色，应以中性色调为宜（图6-25、图6-26）。

图6-25　某办公区过廊表现（签字笔+马克笔+彩色铅笔　逯海勇）

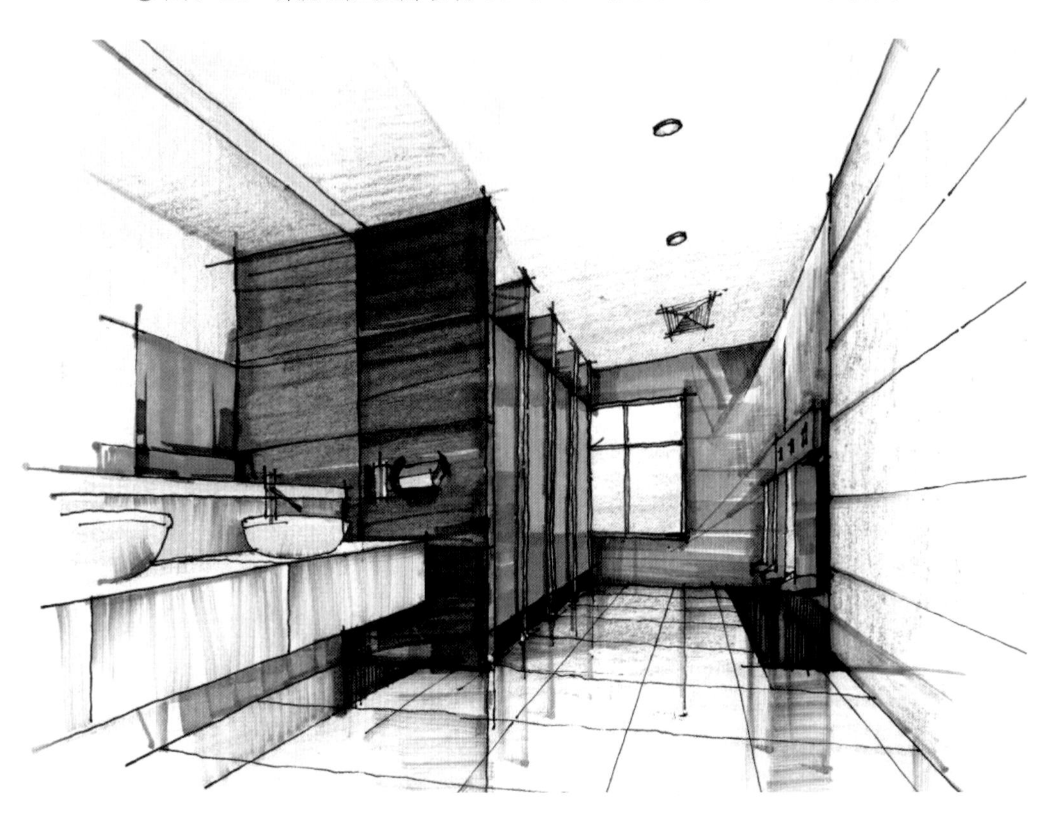

图6-26　某办公区卫生间表现（签字笔+马克笔+彩色铅笔　逯海勇）

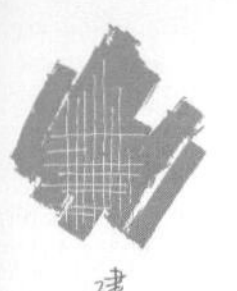

着色位置大多位于形体的下半部，对于形体的上半部要进行适当省略。着色步骤也是自下而上的，表现为一种“头轻脚重”的效果，这种效果在铺垫底色的时候就应该体现出来，而后再逐步强调。

在运笔过程中，用笔的遍数不宜过多。在第一遍颜色干透后，再进行第二遍上色，而且要准确、快速，笔触不宜多次重叠。否则色彩会渗出形成浑浊状，从而没有了马克笔透明和干净的特点。

马克笔表现时要注意留白，着色要做到点到为止，少而精，对主体内容应集中表现，对次要内容可以不做任何处理，保留空白，以彰显画面轻松、灵活的效果（图6-27、图6-28）。

图6-27　适当留白，以彰显画面轻松、灵活的效果（签字笔+马克笔+彩色铅笔　逯海勇）

图6-28　顶棚保留部分空白，使画面稳重、大方（签字笔+马克笔+彩色铅笔　逯海勇）

6.2.4.2　平面图和立面图表现

（1）手绘平面图　手绘平面图是在创意功能分析时所绘制的方案图，这也是现代设计人员的必备基本功之一。设计师通过手绘平面图将自己的创意快速表现在纸面上，为方案的进一步深入提供依据。比较规整的手绘平面图可以直接为客户参考，也便于及时修改（图6-29）。

手绘平面图绘制方法比较简单，根据测量尺寸先使用勾线笔画出平面图线稿，包括数字标注和文字注释，然后在平面图上用马克笔绘制色彩，由浅到深逐层叠加，将所需的部位整体绘制一遍，这样既强调重点也能节约绘制时间。笔触可沿着形体结构的直边绘制，注意虚实变化关系，概括取舍。表现时只对主要家具和深色地面着色，墙体和次要构件可不用着色，整体着色面积一般不超过70%，适当留白能增加画面层次（图6-30、图6-31）。

画面还要注意色彩对比。鲜艳的颜色用于描绘大件家具，浅淡的色彩用在次要空间的地面上，保持适当留白，还要强化家具投影，拉开整体画面的明暗层次（图6-32、图6-33）。

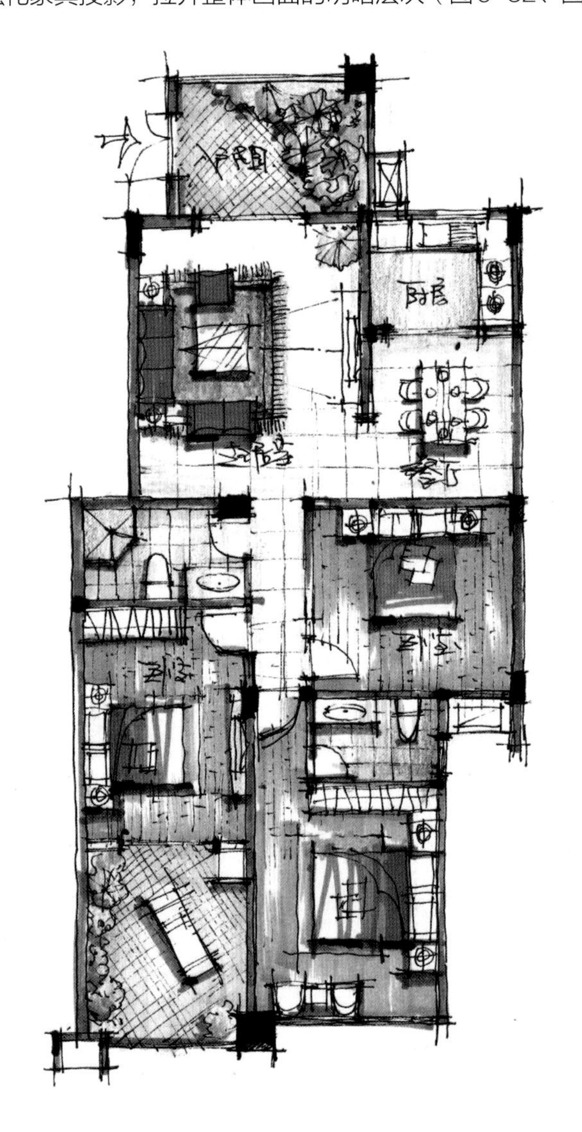

图6-29　通过快速手绘平面草图，为方案进一步深入提供依据（签字笔+马克笔　逯海勇）

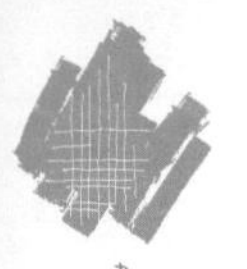

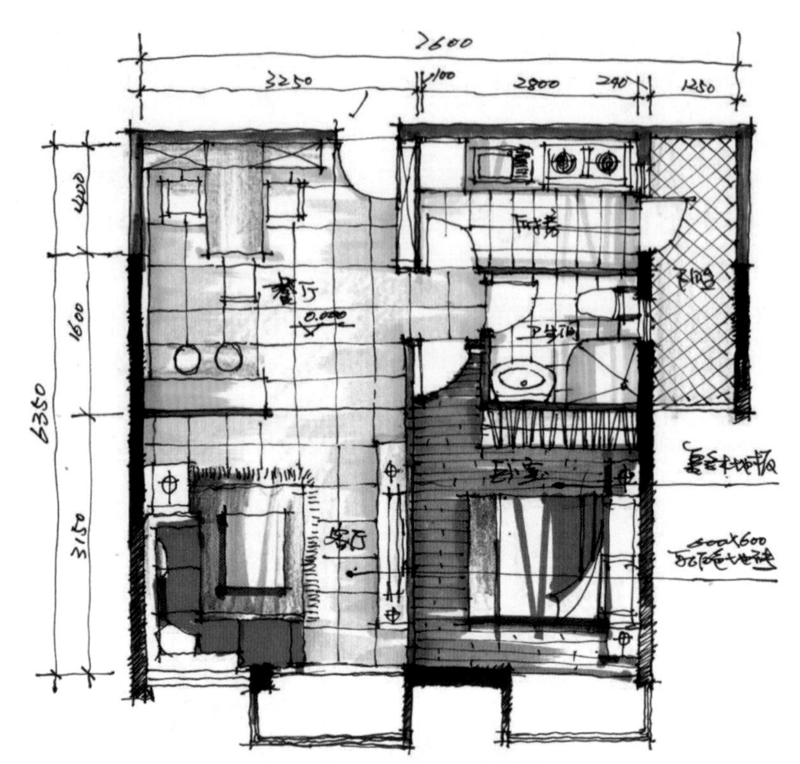

图6-30　笔触可沿着形体结构的直边绘制，用笔要注意概括取舍以及虚实变化

（签字笔+马克笔　逯海勇）

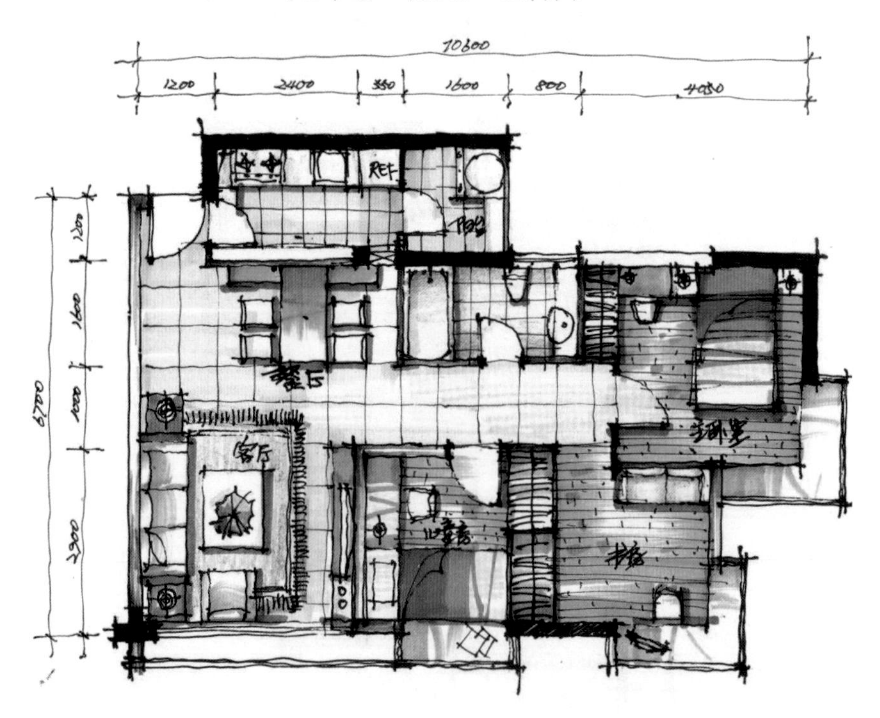

图6-31　表现时只对主要家具和深色地面着色，墙体和次要构件可不用着色

（签字笔+马克笔　逯海勇）

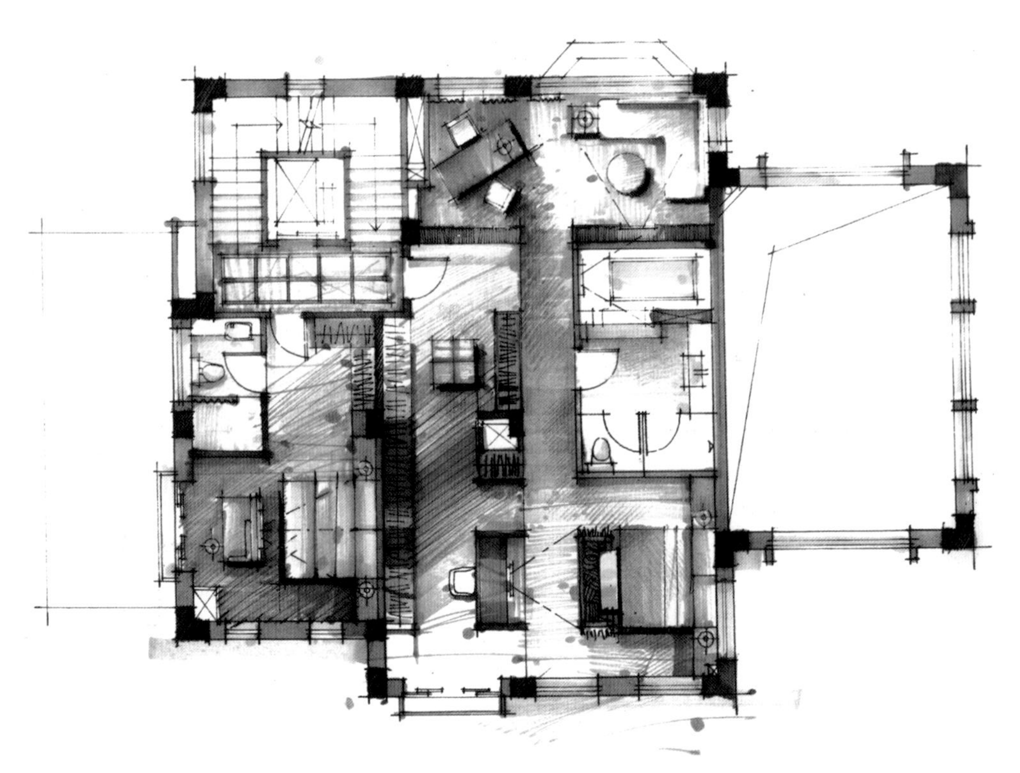

图6-32 平面图表现（1）（勾线笔+马克笔+彩色铅笔 连柏慧）

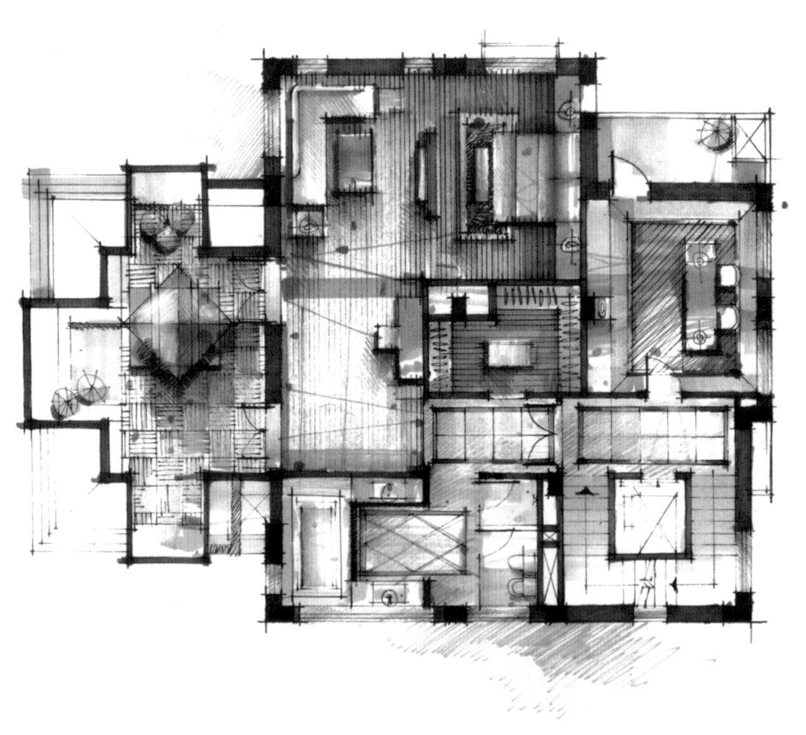

图6-33 平面图表现（2）（勾线笔+马克笔+彩色铅笔 连柏慧）

（2）手绘立面图　立面图的特点能较直观地表达出设计对象正面造型特征、尺寸关系和材质效果。表现手法采用点、勾线以及文字注释等手段，再配以简洁明快的色彩，会有很好的展示效果。通常利用这种方式绘制立面设计草图，体现设计者的局部构思意图（图6-34、图6-35）。其上色步骤同手绘平面图，这里不再赘述。

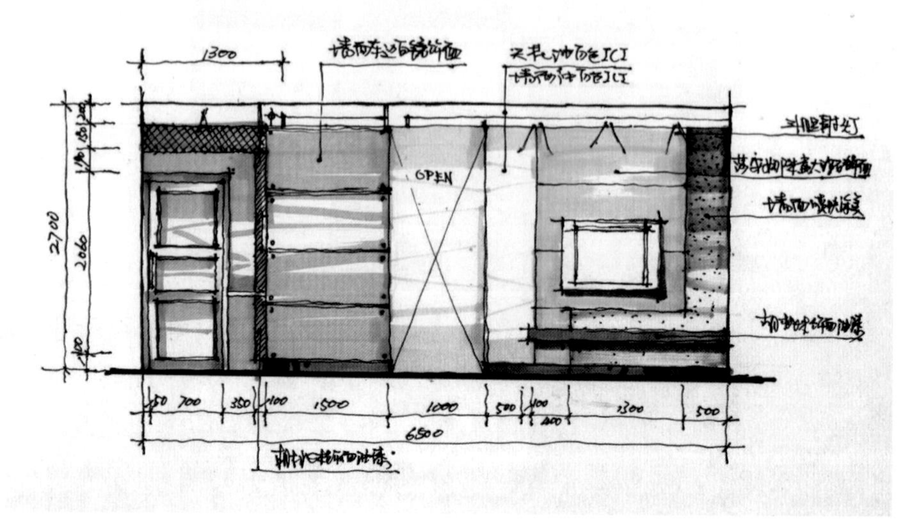

图6-34　画面采用点、勾线以及文字注释等手段，再配以简洁明快的色彩，取得了很好的展示效果（签字笔+马克笔）

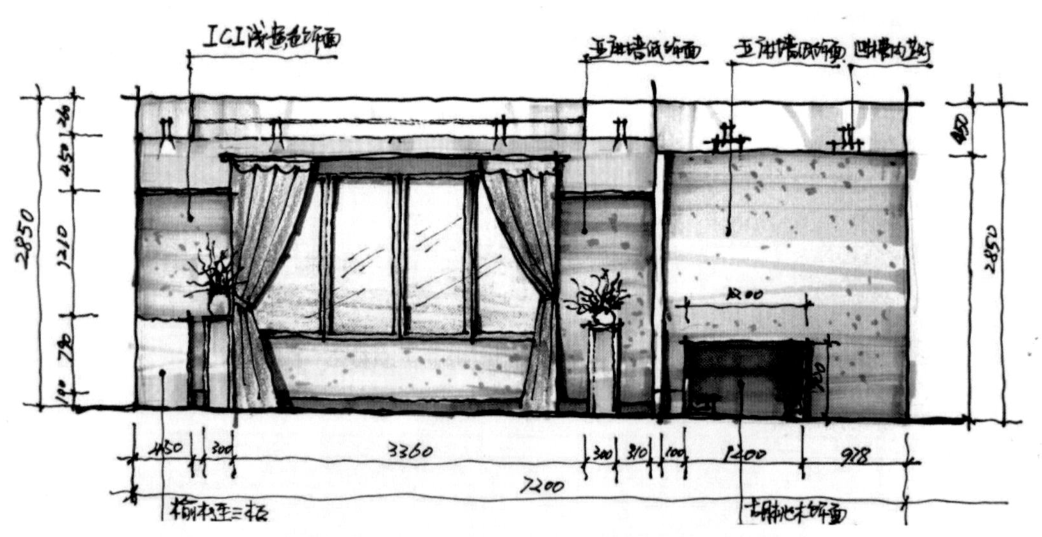

图6-35　立面设计草图（签字笔+马克笔）

6.2.4.3　临摹和创作相结合

由于马克笔表现是整个手绘表现的核心内容，所以在学习时应充分重视。在掌握一定的基础表现要领之后，可先从临摹名家作品着手，在临摹过程中，要善于借鉴优秀作品的技法并运用到自己的作品（图6-36~图6-39）。虽然带有明显的被动接纳的成分，但通过这种练习，也是由最初的“模仿、借鉴”他人画风，转化为最终的“自创”个人风格，这是学习手绘表现技法必不可少的环节。

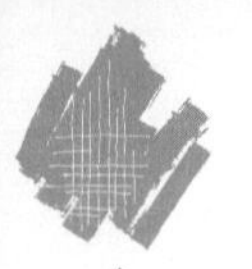

图6-36　某酒店咖啡吧表现
（中性笔+马克笔　逯海勇）

图6-37　某酒店休息区表现
（中性笔+马克笔　逯海勇）

图6-38　某公司办公室表现
（签字笔+马克笔+彩色铅笔　逯海勇）

图6-39　某住宅起居室表现
（签字笔+马克笔+彩色铅笔　逯海勇）

临摹一些优秀名家作品后，接下来就可以选择一些较好的室内场景照片进行摹绘，这也是学习手绘表现图的一个重要步骤。摹绘时要注意把握室内环境各部位的尺度、比例及透视变化，注意把握室内空间关系以及室内环境光和色调的捕捉与表现。由于室内光源复杂，明暗层次丰富，所以色调的处理也非常重要，表现方法会随着室内环境的各部位质感差异而有所不同（图6-40~图6-43）。

图6-40　依据室内场景照片进行表现的起居室（马克笔+彩色铅笔　逯海勇）

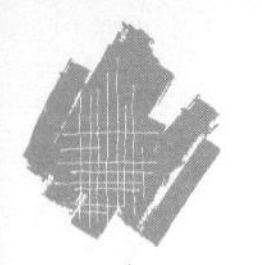

图6-41 依据室内场景照片进行表现的起居室（马克笔+彩色铅笔 逯海勇）

图6-42 依据室内场景照片进行表现的洗手间（马克笔+彩色铅笔 逯海勇）

图6-43 依据室内场景照片进行表现的酒店门厅（马克笔+彩色铅笔 逯海勇）

6.3 综合表现技法

综合表现技法是指各类表现技法的综合运用。它是建立在对各种表现技法的深入了解和熟练掌握的基础上，根据画面内容与要求，以及个人喜好和熟练程度来决定的。例如，手绘综合表现可以水彩铺大色调，在此基础上用马克笔细化，部分用水溶性彩色铅笔进行深入刻画，最后在局部需要提高明度的地方用水粉颜料完成，使画面效果丰富、完美。当然综合技法实际“画无定法”，具体选用哪种技法表现，还要视自己对各种技法的掌握程度而定。

6.3.1 水彩纸、淡彩、彩色铅笔

这一表现方法是用勾线笔徒手或尺规辅助在水彩纸上绘制线稿，之后用淡彩着色，最后用彩色铅笔辅助。勾线工具主要以普通钢笔、针管笔、美工笔为主；淡彩颜料可选用水彩、透明水色或墨水等；淡彩用纸以吸水性适中的水彩纸最为适宜。

勾线的质量及变化直接影响表现图的效果，因而应十分重视线条的特质。这就要求线稿轮廓清晰、准确，线条的组织排列要有规律性，同时也要表现出物体的质感和光影。

淡彩施色有两种技法：一种是较为严谨的渲染法，包括平涂和退晕等；另一种是随机挥洒的填色法，包括趁湿晕染和干后叠色及笔触等。在一幅表现图中，往往是几种方法混合使用，如在处理光滑地面时用平涂、退晕等技法；在处理细部或追求画面趣味时用笔触或趁湿晕染等手段；在处理面的过渡或肌理效果时可用彩色铅笔辅助，彩色铅笔可重复叠加并可擦改，其笔触可做出各种不同的效果。

由于淡彩表现的颜料大部分具有透明性，因此在绘制步骤上应先浅色后深色。为使淡彩表现图的空灵清澈的特征充分发挥出来，一般采用留白法使画纸的质地能透过颜色涂层显露出来。事先按计划预先留出，这也是淡彩表现的一种概括省略技巧。

笔触是淡彩表现的另一魅力所在。笔触的速度、方向、水分、力度等因素的细微变化，会使画面产生不同的效果。成功地运用笔触可以活跃画面气氛(图6-44~图6-46)。但在淡彩表现图中，笔触的用法要慎重，过碎的笔触会使画面变“花”或支离破碎。

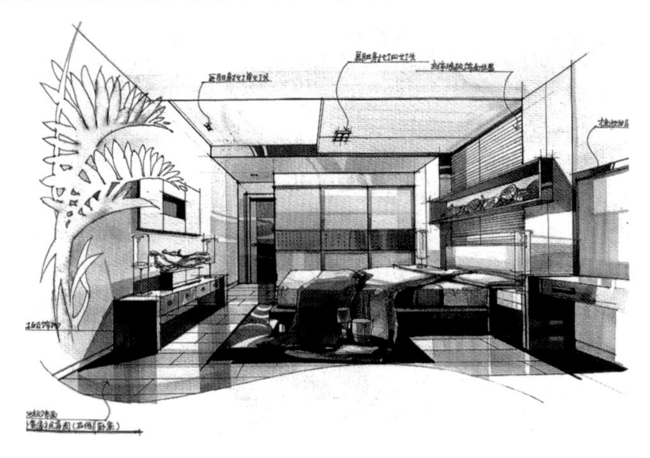

图6-44　通过笔触对细部处理，使画面趣味横生（水彩纸+淡彩　李文华）

图6-45　通过笔触的变化来表现餐厅空间的气氛（水彩纸+淡彩　李文华）

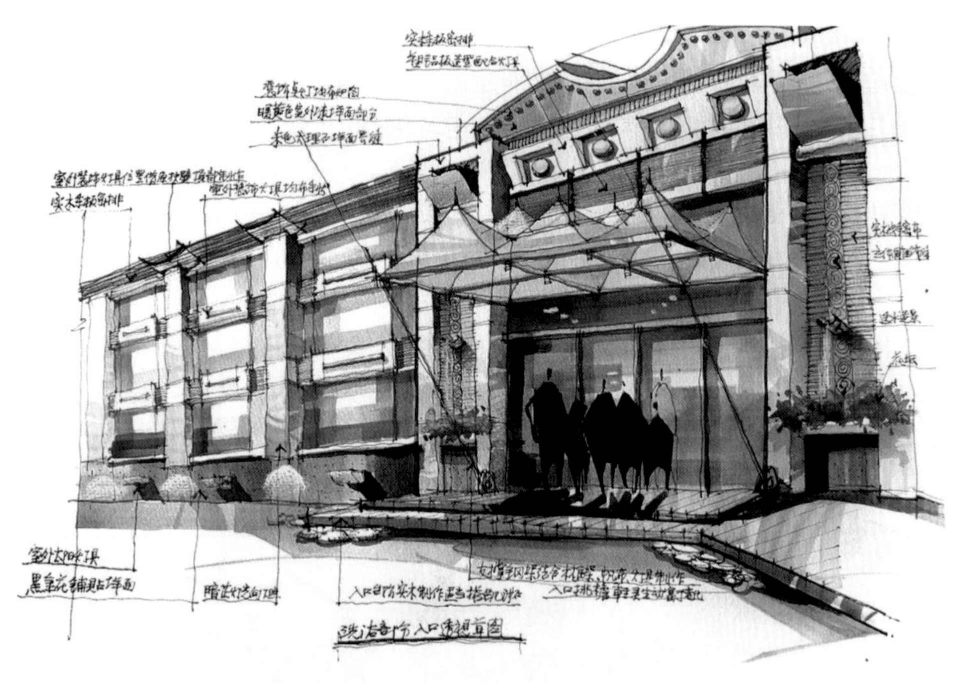

图6-46　某娱乐中心门面表现（水彩纸+淡彩+彩色铅笔　李文华）

6.3.2　硫酸纸、马克笔、彩色铅笔

这一表现方法是在硫酸纸上用勾线笔完成底稿，用马克笔和彩色铅笔上色渲染。

硫酸纸质地坚实，具有半透明特性，也可吸收一定的颜色，可以通过多次叠加来达到满意的效果。由于手绘表现处在不断推敲、修改的过程之中，采用硫酸纸作为表现用纸，可将一张硫酸纸蒙在另一张草图上，描出已有设计，同时准确地完成修改部分，有利于节约时间。另外，硫酸纸的特殊质地加上马克笔和彩色铅笔的色彩也会显出特殊的韵味。

图6-47　通过多次叠加达到满意的效果（硫酸纸+马克笔　佚名）

在硫酸纸上勾线非常讲究。通常勾线时用笔尽量流畅，一气呵成，切忌对线条反复描摹。勾线时可先画前面的，再画后面的，避免不同的物体轮廓线交叉，在这个过程中可添加部分明暗调子，逐步形成画面整体。

上色是该技法最为关键的一环。一个基本的原则是由浅入深，在表现过程中时刻将整体放在第一位，不要对局部表现过度着迷，忽略整体，“过犹不及”应该牢记。也可在硫酸纸的背面上色，这样做一是可以降低马克笔的彩度，过于鲜艳的颜色可使画面过“火”，大面积的灰色才能使表现图经久耐看。另外，背面上色也不会把正稿的墨线洇开，造成画面的脏乱。最后阶段可对局部做些修改，统一色调，对物体的质感做深入刻画。这一阶段需要彩色铅笔的介入，作为对马克笔的补充(图6-47、图6-48)。

图6-48　硫酸纸的特殊质地加上马克笔和彩色铅笔的色彩使画面出现特殊的韵味（硫酸纸+马克笔　佚名）

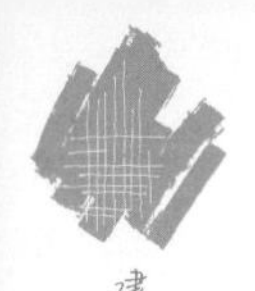

6.3.3 有色纸、色粉笔、马克笔

这一表现方法是用勾线笔在有色纸上画出详细透视图，用色粉笔画出空间的主体色调，再用马克笔处理明暗交界线、局部细节和阴影，最后用白色水粉提出部分物体高光。

色粉笔的特点是色彩柔和，层次丰富，特别适合表现具有高光、反光的材质，如玻璃、高光漆、不锈钢等材料，特别是处理曲面、渐变的效果时更为游刃有余。由于在表现色彩深度上不够，一般适合与马克笔、彩色铅笔、水彩等结合起来使用，效果会更佳。

使用色粉笔可直接在有色纸上作画，但更多的是刮成粉末揉细再涂在纸上。具体方法是用刀片刮下色粉，用手指揉细，再在画面需要的位置用手指朝一个方向擦。擦色粉要轻重有度，不要来回擦，以免产生不均匀感。在这里以手指当笔，一个手指擦一种颜色，几个手指就是几种颜色，换色时要把手指擦干净，还可以用棉花擦色。色粉之间在揉擦时可调和，但绝对不能加水，否则会弄脏，难以收拾。

在使用色粉笔表现直线边缘或其他形状边缘时，可用纸做成模板遮挡，将色粉涂在纸模板上，再擦到画面上，这样界面边缘清晰，色块整洁干净。在表现的最后阶段，通常用马克笔刻画细部，再以白色水粉提线(图6-49~图6-52)。

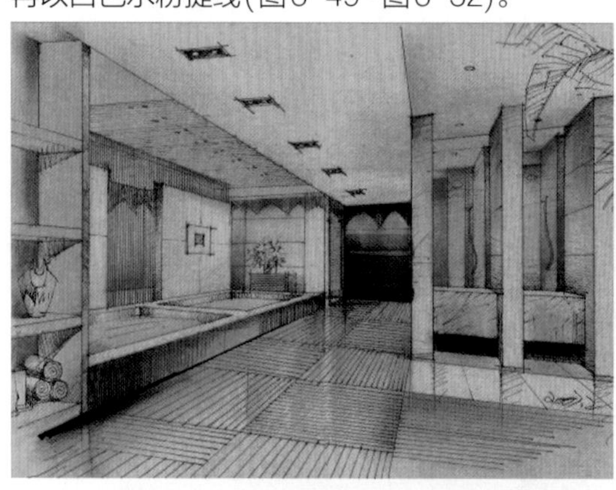

图6-49 色粉笔画法步骤一

图6-50 色粉笔画法步骤二

图6-51 色粉笔画法步骤三（有色纸+色粉笔+水粉 逯海勇）

图6-52　在黑纸上使用白粉笔绘制的反相的个性设计草图（扎哈·哈迪德）

6.3.4　徒手线稿、计算机

这一表现方法的基本程序是将徒手线稿扫描到计算机中，然后利用Photoshop图形处理软件进行修改、填色、退晕、渲染；也可以将手绘色彩表现图扫描之后再修改，制作出各种不同的肌理效果。还可以利用软件的各种滤镜效果来表达所需要的特殊效果（图6-53、图6-54）。

图6-53　利用计算机软件表现的办公空间（1）（线稿+计算机　佚名）

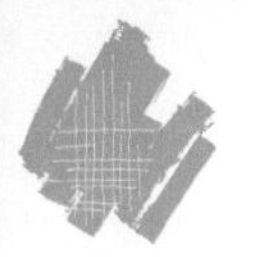

图6-54 利用计算机软件表现的办公空间（2）（线稿+计算机 佚名）

现代科学技术的发展，为手绘表现图提供了越来越多的可供借鉴的技术。手绘表现加上新技术可使手绘表现图的形式更加丰富多样，更能体现手绘表现图的现代性。计算机着色也为手绘表现形式提供了更多的可能性和新思路。

思考与练习

1. 用彩色铅笔表现时应注意哪些要点?
2. 结合本章所学的方法和技巧，根据彩色照片或计算机表现图，用彩色铅笔绘制5幅室内手绘表现图。
3. 如何运用马克笔的笔触? 用A4纸练习马克笔笔触和线条3幅。
4. 用马克笔绘制表现图时应注意的问题有哪些?
5. 根据马克笔表现方法和步骤，依据实景或彩色照片，用马克笔绘制5幅室内手绘表现图。
6. 以有色纸为底色，结合不同媒介工具表现不同形式的室内表现图3幅。

第7章 建筑室内手绘表现图技法实例详解

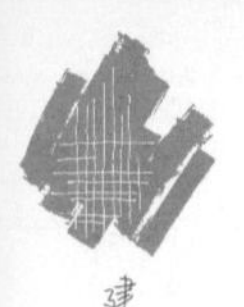

本章主要通过室内手绘表现图技法实例，讲述具体的表现方法和步骤，在步骤图中详细介绍表现过程。需要强调的是在表现时重点要把握大局意识，对表现的每一步都要进行整体检查。另外，在手绘表现图中要用概括的方法，尤其是在用色方面，不能追求过多变化。

7.1 室内手绘表现图技法案例1

本节主要通过线描淡彩技法来讲述室内手绘表现图的方法和步骤。

7.1.1 准备工作

一般选择水彩专用纸或绘图纸，要有吸水性。先将纸的四边（大约1cm宽的边）折起，再在纸上（未折起的纸面上）用湿毛巾或板刷刷水，等纸充分膨胀后（5 ~ 10min），在折起的边涂上糨糊或胶水，贴在绘图板上。纸边一定要粘牢固，待吹风机吹干后应是平整的（不可在阳光下曝晒），如有中间起包，需再用水润湿一下（图7-1）。

(a) 沿纸背面四周刷1cm左右的糨糊

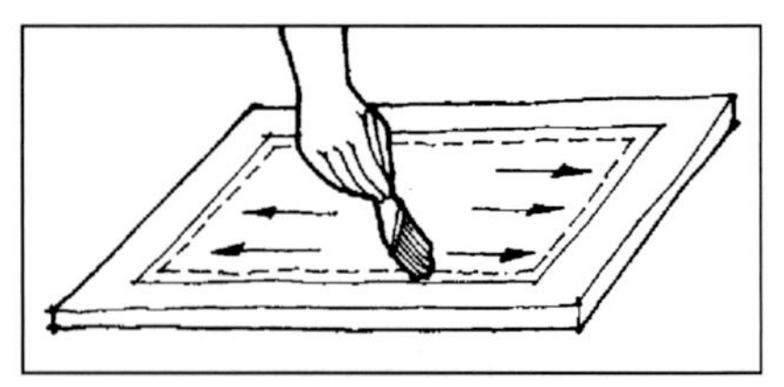

(b) 用湿毛巾或板刷在纸背面刷水（不宜过多，应视纸的吸水量而定）

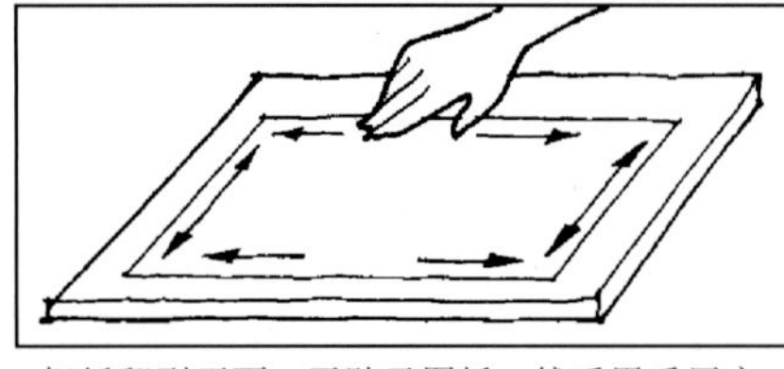

(c) 把纸翻到正面，平贴于图板，然后用手压实四边

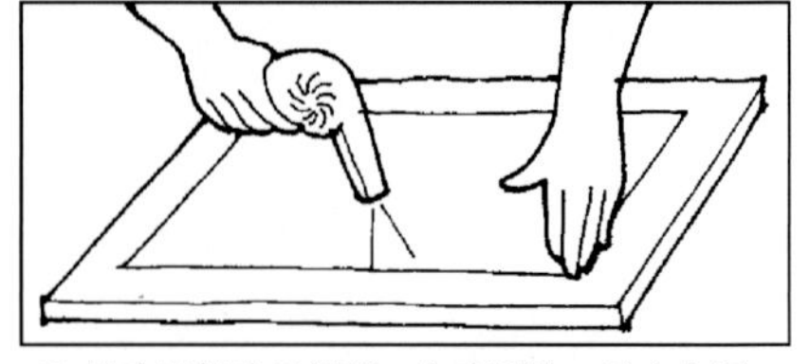

(d) 用吹风机吹干纸面，先吹四边，后吹中间

图7-1　裱纸步骤

在上正稿之前，先用画小稿的方法，勾画几张不同角度、不同视点的空间透视草图，经过方案优选选择一个最能够充分展示设计意图、视觉效果最佳的角度来应用。在选择透视类型时，关键是要选择好视点的位置与视平线的高度，一般根据画面主题内容和人的眼睛高度来选择透视角度。

7.1.2 作图步骤

（1）画透视图　准备工作完毕之后，首先根据选定的透视角度，在拷贝纸上用铅笔画出准确的透视图，也可按照事先画好的透视小稿复印放大，再将画好的透视图拷贝到准备好的图纸上，之后用钢笔或勾线笔勾线（图7-2）。勾线时须注意由近及远描绘，尤其是结构转折线，可用较粗的线加以强调，其他线条也相应做出变化，以显示出主次的区别，切不可用橡皮擦水彩纸，以免纸上起毛，使画面颜色沉淀，留下斑迹，破坏画面效果。

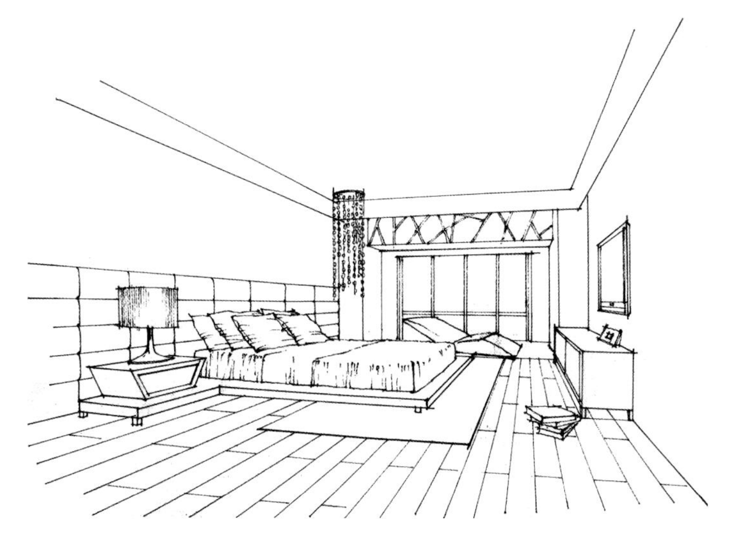

图7-2　根据选定的透视角度，在纸上用勾线笔画出准确的透视图

（2）铺底色　底色是整个画面的色彩基调，可根据构思中设定的色调用水彩色铺底色。开始铺底色时，应选用透明的水彩颜料，运用适量的清水调和进行铺色，从画面中面积最大、颜色最浅的部分开始，注意不要将底稿或墨线遮盖掉（图7-3）。

图7-3　根据构思设定的色调用水彩铺底色

（3）细致描绘　待底色干透后，再用水彩技法对图中的具体部位逐步描绘，通常根据不同物体材质作出大的基本色调，再根据光影效果渲染出明暗变化以及远近虚实关系。由浅至深，逐层叠加，直到画面层次丰富。在色彩处理上，应注意大的界面处理，注意表现室内家具的体积感和色彩感，局部色彩可选用鲜明的对比色点缀，这样可使画面效果既统一又不失明快（图7-4）。

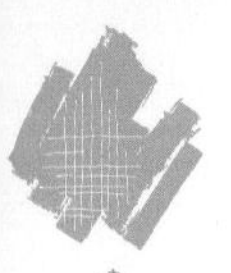

图7-4　根据光影效果和远近关系逐步细致描绘

图7-5　统一调整画面，用醒目的色块及黑、白线加以勾勒、强调，使之更加突出、醒目（逯海勇）

（4）调整画面　细部刻画完成后，需要统一调整画面，将有些“乱”、“花”的局部色块，用透明水彩色迅速涂盖一遍，使之减弱、统一。而对有些不够清晰的主要结构形体，可用些醒目的色块及黑、白线加以勾勒、强调，使之更加突出、醒目，起到画龙点睛的作用。最后进行装裱，整幅表现图完成（图7-5）。

在钢笔淡彩表现图中，还可运用其他工具和材料加以充实，丰富画面的表现力。比如，马克笔、彩色铅笔、色粉笔、水粉等，通过与这些媒介的结合并经过大量的实践和不断总结，相信能够创作出表现力更强的作品。

7.2 室内手绘表现图技法案例2

本节我们主要针对彩色铅笔的着色方法和步骤进行讲解，读者可根据方法和步骤进行摹写和学习。

彩色铅笔表现图的一般程序是先用铅笔起稿，定好轮廓，然后用钢笔或针管笔勾线，再根据设计意图和表现对象的色彩倾向，用不同颜色的彩色铅笔画出轻松而有规律的线条，表现出有主次的画面基调，进而逐步体现明暗关系、冷暖关系和物体的固有色，经过细部刻画后，最后用白色水粉提出高光，整理完成。

下面以某酒店休息区为例，介绍其表现方法和步骤如下。

（1）用钢笔或针管笔按照透视原理进行勾线，勾线一般采用的方法是先近后远并按照光影规律画出大体明暗（图7-6）。

（2）将彩色铅笔的笔尖磨好，根据由大面积到小面积、由浅色块向重色块过渡的原则，从左到右统一着色（图7-7、图7-8）。

（3）根据上色原则，将画面物体的光影、明暗进行深度刻画（图7-9）。

（4）查漏补缺，用黑色马克笔对暗部细节部分进行刻画，最后用修改液提出高光（图7-10）。

图7-6　用勾线笔按照透视规律画出线稿并按照光影规律画出大体明暗

图7-7　画出大的色彩基调

图7-8　根据由大面积到小面积、由浅色块向重色块过渡的原则，从左到右统一着色

图7-9　根据上色原则，将画面物体的光影、明暗进行深度刻画

图7-10 查漏补缺，用黑色马克笔对暗部细节部分进行刻画，最后用修改液提出高光（逯海勇）

7.3 室内手绘表现图技法案例3

本节主要讲述马克笔室内手绘表现技法的方法和步骤。

（1）勾出线稿 用针管笔在铅笔正稿上勾勒出线条。勾线时通常从主体着手，先近后远，避免不同的物体轮廓交叉，用笔尽量流畅，一气呵成，切忌对线条反复描摹。在这个过程中也可加少量明暗调子，衬托出空间关系（图7-11）。

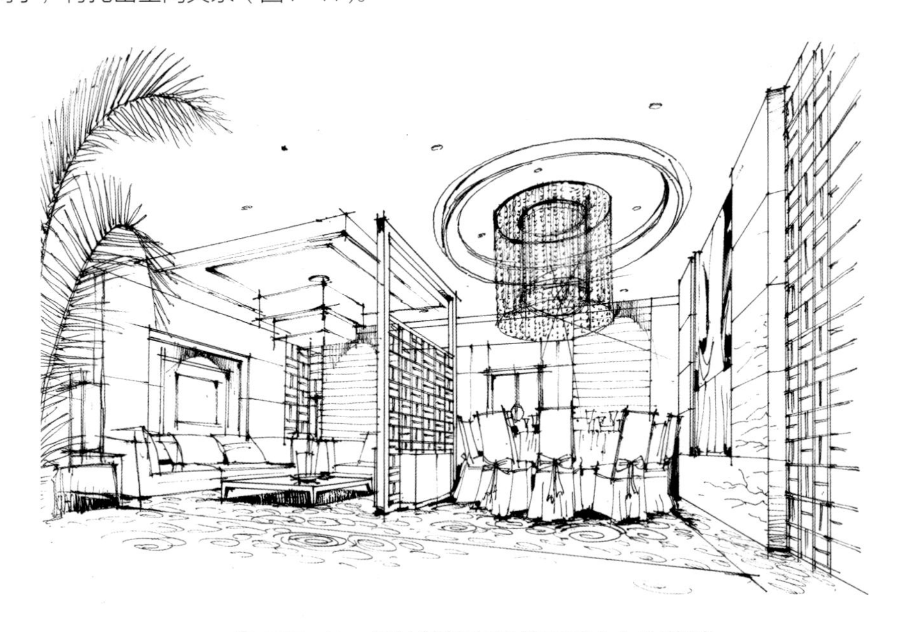

图7-11 用针管笔在铅笔正稿上勾出线稿

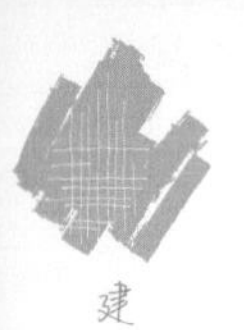

（2）整体着色　着色的基本原则是由浅及深,绘制过程中时刻将整体放在第一位，不要对局部过度着迷，忽略整体，否则会造成画面零乱而无法收拾。值得注意的是，着色过程中不必太着意于笔触的魅力，重要的是突出画面关系，即明暗关系、冷暖关系、虚实关系等，这些才是支撑画面的重点（图7-12、图7-13）。

（3）细部刻画　整体色调铺完之后细节刻画便有章可循，细节决定画面的品质。刻画时要抓住反映结构的转折处，抓住主要部位上色，体现灵活轻快之感。部分点缀色可激活画面，以增加生活气息（图7-14）。

（4）整体调整　调整阶段主要是统一画面色调，对细部做局部修改，对物体的质感做深入刻画。这个阶段可用彩色铅笔对马克笔表现的不足之处做一些补充，以增强画面的层次和效果（图7-15）。

图7-12　用马克笔和彩色铅笔对画面整体着色，突出画面的明暗关系

图7-13　用黄色彩色铅笔对画面整体罩染，进一步统一画面

图7-14　对墙面、顶棚、地毯、家具、绿化等细致刻画，注意保持画面整体的一致性

图7-15　对画面统一调整，用黑色马克笔对暗部细节进行刻画，最后用修改液提出高光（逯海勇）

7.4 室内手绘表现图技法案例4

本节主要使读者了解手绘综合表现技法，掌握在有色纸上表现室内效果图的方法和步骤。要求读者在深入了解和熟练掌握的基础上，灵活运用各种技法的整合与衔接，使画面效果更加丰富、完美。

有色纸的主要特点是以有色纸或经涂刷的底色直接表现空间的主体色调，使主体与底色一致，利用底色作为画面的基调色，从而获得协调统一的整体色彩效果。底色作为主体色调，还可以简化描绘程序，提高作画效率，使画面简洁、柔和，具有特殊的韵味。

下面以某餐厅雅间为例，介绍以有色纸为媒介的综合表现技法的方法与步骤。

（1）先用钢笔或针管笔在有色纸上画出线稿。透视关系要准确，空间比例要得当，结构要清晰（图7-16）。

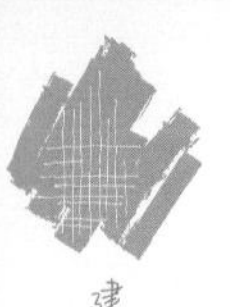

（2）用马克笔铺出大的色调，不必过多强调色彩变化。在物体的转折处注重结构的素描关系，突出层次感（图7-17、图7-18）。

图7-16　按照透视关系用勾线笔在有色纸上画出线稿

（3）表现室内陈设物时，先在有色纸上画出陈设品的轮廓，利用纸的原色表现陈设品的本色。然后用浅颜色勾画出陈设品的轮廓、体积感、光感和质感。通过阴影和陈设品的轮廓线区分开陈设品本色与底色（图7-19~图7-21）。

图7-17　用马克笔铺出大的色调，不必过多强调色彩变化

（4）用马克笔处理明暗交界线和阴影，用彩色铅笔依照物体的形态深入刻画明暗交界线以及阴影，以弥补马克笔的不足（图7-22）。

图7-18　用浅色马克笔对顶棚、地面进行着色，再用彩色铅笔结合画面色调整体上色

图7-19　用彩色铅笔和马克笔对画面进行细部刻画，注意画面明暗和色彩关系

图7-20　用彩色铅笔对顶棚吊灯、灯槽和墙面壁灯进行着色，注意画面整体关系

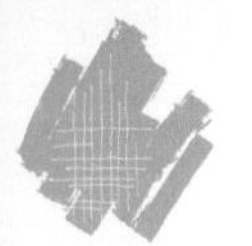

图7-21 用白色彩色铅笔对灯槽及受光部分进行提亮

图7-22 用黑色马克笔对暗部细节部分进行刻画并调整统一画面（逯海勇）

思考与练习

1. 根据本章所讲的线描淡彩表现方法和步骤，以公共空间为例，绘制2幅线描淡彩表现图。
2. 结合本章所学的彩色铅笔表现方法和技巧，绘制2幅室内手绘表现图作品。
3. 用马克笔在A3纸上绘制2幅室内手绘表现图作品，要求透视准确，结构清晰，色彩明朗，富有个性。
4. 以公共空间为例，在A3有色纸上绘制2幅室内手绘表现图作品，工具与表现形式不限。

第8章 建筑室内手绘表现图技法作品欣赏

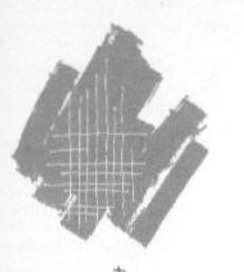

图8-1 某酒店客房表现（马克笔+彩色铅笔 逯海勇）

反复运用线条进行肌理的表现是一种重要的表达技巧，该图背景墙就是用线条叠加的方法进行处理，使得画面显得轻松活泼

图8-2 某别墅厨房表现（马克笔+彩色铅笔 逯海勇）

该作品通过鲜明的影调变化以及和谐的色彩关系将厨房的真实面貌清晰地再现出来。用笔潇洒利落、干脆

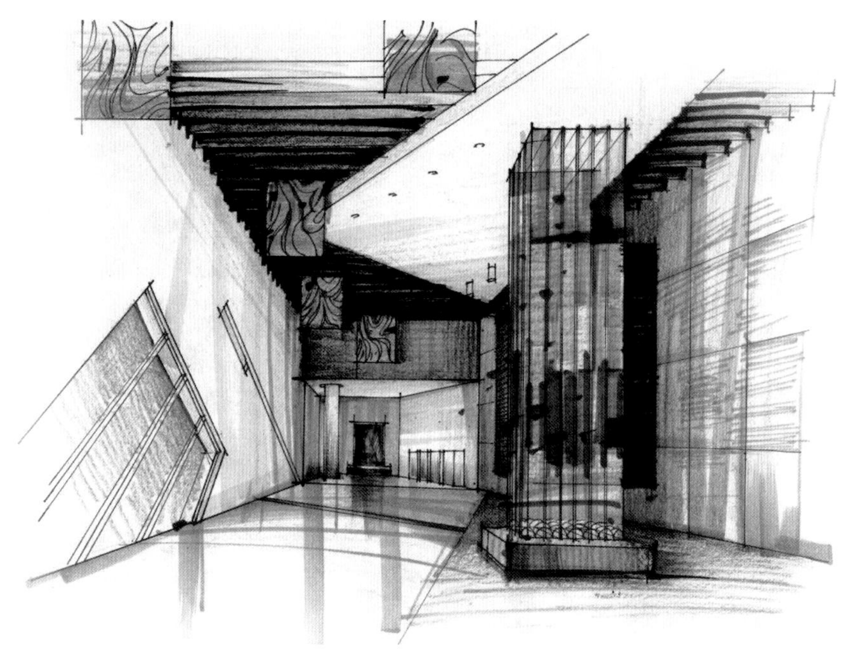

图8-3　某展示厅表现（马克笔+彩色铅笔　逯海勇）

这幅图是用马克笔加彩色铅笔绘制的，画面表现清新、明确，尤其是各种各样的笔触和色调，更能说明这一特点

图8-4　某会议室表现．马克笔+彩色铅笔（逯海勇）

画面主调色彩采用浅蓝色，将画面空间有效地衬托出来，会议桌和吊灯采用暖色，形成既统一又对比的和谐色调

图8-5　某商贸中心过道表现（马克笔+彩色铅笔　逯海勇）

作品运用马克笔和彩色铅笔绘制，技法娴熟，手法独特，生动地描绘出现代商贸空间景象，具有强烈的视觉感染力，画面前景人物是剪贴上去的，增添了画面的生动感

图8-6　某酒店大堂吧表现（马克笔+彩色铅笔　逯海勇）

该作品和上幅一样都是一幅非常有个性的表现作品，该图透视角度选择恰到好处，构图合理，能很好地将视觉中心体现出来

图8-7　某办公楼门厅表现（马克笔+彩色铅笔　逯海勇）

该图运用马克笔结合彩色铅笔绘制而成，通过鲜明的色彩关系将空间效果较好地表现出来，不难看出，线条的运用在画面中起到十分重要的作用

图8-8　某售楼处空间表现（马克笔+彩色铅笔　逯海勇）

该作品运用马克笔结合彩色铅笔画成的，售楼处背景墙的暖色和周围环境的冷色形成鲜明的对比，使画面色彩鲜亮，流露出一种随意、放松的感觉

图8-9　某别墅卧室表现（马克笔+彩色铅笔　逯海勇）

这幅图是用彩色铅笔加马克笔绘制的，画面表现清新、明确，尤其是近景的植物表现，更能说明这一特点。

图8-10　某办公楼露天空间表现（马克笔+彩色铅笔　逯海勇）

作品运用马克笔结合彩色铅笔画成，天空和水面的绘制富有新意，与建筑色彩和景观形成鲜明的对比，呈现出现代建筑与生态景观紧密结合的景象。

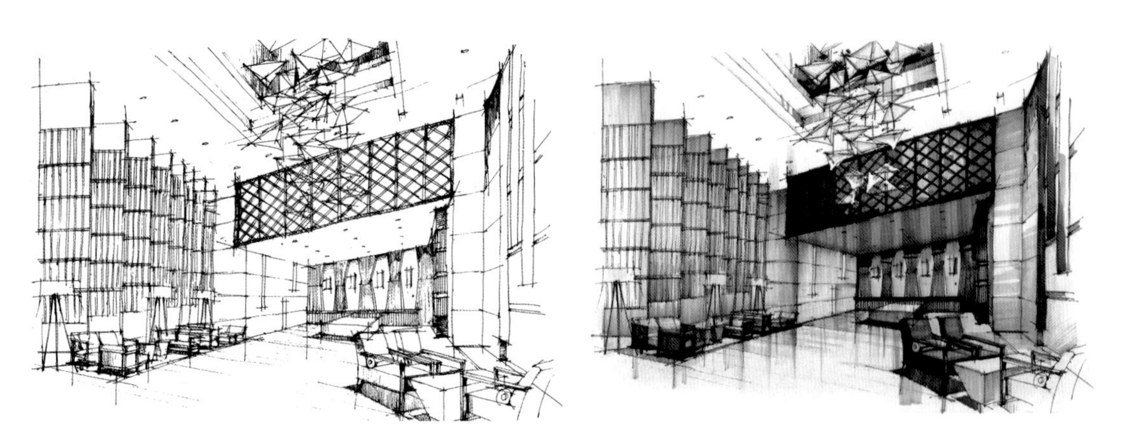

图8-11　某酒店大堂空间表现（马克笔+彩色铅笔　逯海勇）

这是一幅酒店大堂空间表现，画面构图均衡，运笔轻快，采用马克笔和彩色铅笔上色，强调了画面色彩的冷暖关系，环境色彩整体统一，主体色彩丰富而有变化

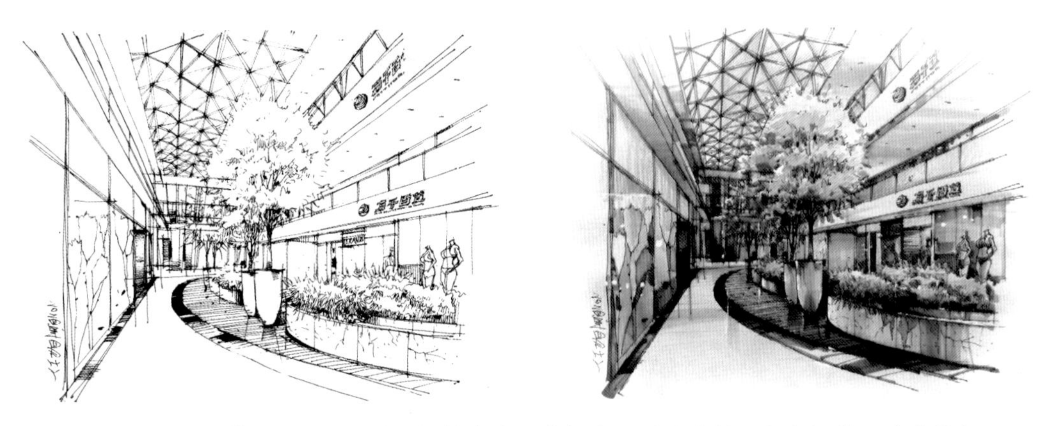

图8-12　某商场共享大厅空间表现（马克笔+彩色铅笔　逯海勇）

这是一幅以共享大厅为主题的室内表现，画面运用马克笔和彩色铅笔较好地表达出地面木地板、石材的质感，重点刻画了前景的绿化及与周围环境形成鲜明的对比，画面简洁生动

图8-13　某酒店过廊空间表现（复印纸+马克笔+彩色铅笔　逯海勇）

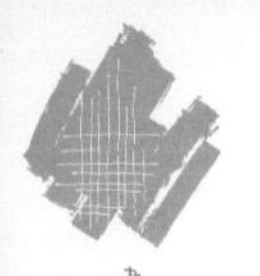

这是一幅以酒店过道为主题的空间表现，潇洒利落的笔触，使主题色彩非常突出，左边的绿化绘制恰到好处，体现了作者具有很高的绘画素养

图8-14 某售楼处大厅空间表现（复印纸+马克笔+彩色铅笔 逯海勇）

整个作品用冷灰色调绘制，有效地增强了空间的距离感，画面整体统一，清新典雅，表现风格独特，将明快、愉悦的空间形象轻松地表现出来

图8-15 某办公楼门厅空间表现（针管笔+马克笔+彩色铅笔 逯海勇）

为表现门厅空旷和近景水景的关系，特选取一点斜透视形式，在色彩和构图上，力求生动、强烈，以便有效的阐释主题

图8-16　某酒店大堂空间表现（针管笔+马克笔+彩色铅笔　逯海勇）

这幅图主要通过地毯、绿植、主题墙和顶棚造型来表现酒店大堂的自然氛围，通过主题墙、花草、柱体等多种物体的充分表现，形象地再现了大堂在酒店的多重功能作用

图8-17　某售楼处空间表现（针管笔+马克笔+彩色铅笔　逯海勇）

这是一幅以售楼处为主题的空间表现，画面线条流畅，运笔轻快，环境色彩整体统一，主体色彩丰富而有变化

参考文献

[1] 周丽霞编著.室内设计创意与表现.北京：清华大学出版社，2013.

[2] 丁剑超，王剑白.室内制作.北京：中国水利水电出版社，2008.

[3] 陈湘，李立明著.室内空间创意手绘表现技法.长沙：湖南美术出版社，2008.

[4] 韦自立著.公共空间效果图马克笔快速表现技法.南宁：广西美术出版社，2007.

[5] 连柏慧编著.纯粹手绘——室内手绘快速表现.北京：机械工业出版社，2008.

[6] 洪惠群，陈莉平著.手绘表现技法.广州：华南理工大学出版社，2006.

[7] 夏克梁著.今日手绘.天津：天津大学出版社，2008.

[8] 汤留泉，李吉章著.室内外手绘效果图深入表现.北京：机械工业出版社，2009.

[9] 文健，尚龙勇，邹华主编.环境艺术设计手绘效果图表现技法.北京：科学出版社，2009.

[10] 梁展翔，李咏絮编著.设计表现技法.上海：上海人民美术出版社，2004.

[11] 朱瑾著.手绘建筑效果图表现技法.南昌：江西美术出版社，2007.

[12] [美]迈克尔.布劳恩著，建筑的思考—设计的过程和预期洞察力.蔡凯臻，徐伟译.北京：中国建筑工业出版社，2006.

[13] [英]洛兰.法雷利著.表现技法.燕文姝，黄中浩译.大连：大连理工大学出版社，2009.

[14] 逯海勇主编.设计表达.北京：中国建材工业出版社，2008.

[15] 张伟，周勃，吴志峰编著.室内设计表现技法.北京：中国电力出版社，2007.